Ps

Adobe Photoshop CC

2019平面设计与制作案例技能教程

段 锦 主编

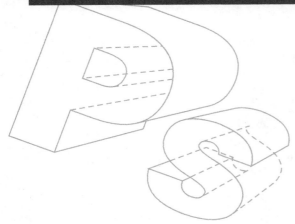

西北大学出版社

·西安·

图书在版编目（CIP）数据

Adobe Photoshop CC 2019 平面设计与制作案例技能
教程 / 段锦主编 .-- 西安：西北大学出版社，2022.2
ISBN 978-7-5604-4911-1

Ⅰ. ① A… Ⅱ . ① 段… Ⅲ . ① 平面设计—图像处理软
件—教材 Ⅳ. ① TP391.413

中国版本图书馆 CIP 数据核字（2022）第 028062 号

Adobe Photoshop CC 2019 平面设计与制作案例技能教程

主　　编	段　锦	
出版发行	西北大学出版社	
地　　址	西安市太白北路 229 号	
邮　　编	710069	
电　　话	029-88303313	
经　　销	全国新华书店	
印　　装	西安日报社印务中心	
开　　本	787 mm × 1092 mm　1/16	
印　　张	19	
字　　数	370 千字	
版　　次	2022 年 2 月第 1 版	
印　　次	2023 年 12 月 第 5 次印刷	
书　　号	ISBN 978-7-5604-4911-1	
定　　价	58.00 元	

本版图书如有印装质量问题，请拨打电话 029-88302966 予以调换。

前 言

　　Photoshop CC 2019 是美国 Adobe 公司 2019 年推出的图形图像处理软件，它是目前世界上优秀的平面设计软件之一，因其界面友好、操作简单、功能强大，深受广大用户的好评，被广泛运用于插画设计、游戏设计、广告设计、海报设计、照片处理以及影视后期制作等领域。

　　本书立足于实践，从实际应用的需求出发，采用"问题驱动""案例引导"带动知识点的方法进行编写，通过精彩的"案例分析"，一步一步展示软件的操作方法、使用技巧；通过"实战案例"完成相应的技能演练，提高动手能力，实现"举一反三""学以致用""用以促学"，达到基础知识、基本技能的掌握与重点、难点、关键点的突破。

　　本书选用案例新颖，知识结构清晰，语言简洁，图文并茂，既是 Photoshop 初级和中级读者首选的学习教程，也是高职高专计算机类相关专业的适合教材，还可作为大专院校非计算机专业及培训学校的教材，以及图像处理爱好者自学用书。

　　本书由杨凌职业技术学院信息工程分院段锦同志负责全部的编写工作。本书在编写过程中，得到信息工程分院"双高建设"项目（2020—2023 年度）的支持，同时，动漫制作技术教研室各位老师也给予了许多的关心和帮助，在此一并表示感谢。

　　由于编写时间仓促，加之编者水平有限，书中的疏漏和不妥之处在所难免，恳请各位读者和同行批评指正。

作 者

2022 年 1 月 6 日

目　录

第 1 章　Adobe Photoshop CC 2019 基础知识

掌握 Adobe Photoshop CC 2019 的基本概念、点阵图、分辨率、色彩模式

熟悉 Adobe Photoshop CC 2019 的基础知识

了解 Adobe Photoshop CC 2019 的基本新功能

1.1　Adobe Photoshop 概述

1.1.1　Adobe Photoshop 概要

Adobe Photoshop CC 2019 是由美国 Adobe 公司出品，以其强大的编辑、制作、处理图像的功能，以及简单、实用的操作方式而备受广大用户的青睐。主要应用于平面设计、图像编辑、广告摄影、印刷出版、网页创作、动画、多媒体制作和建筑设计等领域。Adobe Photoshop CC（Adobe Creative Cloud Photoshop ）是 Adobe 公司 2013 年提出的"创新云"概念。对于设计人员来讲，Photoshop CC 带来了全新的"云端"的工作模式，即 Adobe Photoshop CC 可以将设计人员的软件设置与设计文件全部同步至"云端"，可以通过自己的 Adobe ID 在任何的设备与 Adobe 软件上打开自己存储的工作区。

从功能上看，Photoshop 可分为图像编辑，图像合成，校色调色及特效制作部分。图像编辑是图像处理的基础，可以对图像做各种变换如放大、缩小、旋转、倾斜、镜象、透视等，也可以进行复制，去除斑点，修补、修饰图像的残损等。在人像制作处理过程中可以对人像进行美化加工，去除人像上令人不满意的部分，还到满意的效果。图像合成则是将几幅图像通过图层之间的相互操作以及工具之间的相互配合完成一个完整的，可以传达明确意义的图像。Photoshop 提供的绘图工具也可以让图像与创意很好地融合。校色调色是 Photoshop 中实用且有威力的功能之一，可以方便快捷地对图像的颜色进行明暗，偏色的调整和校正，同时可以切换不同的颜色效果来满足图像在不同领域的需求，如网页设计、印刷、多媒体等。特效制作在 Photoshop 中主要是通过滤镜、通道及工具综合应用完成。包括图像的特效创意与特效字的制作，如油画、浮雕、石膏画、素

描等常用的传统美术技巧都可藉由 Photoshop 特效完成。而各种特效的创意制作更是很多设计师热衷于使用 Photoshop 的原因。

1.1.2 Adobe Photoshop CC 2019 中的新功能

首先来看一下 Adobe Photoshop CC 2019 标准版的一些新增与增强的功能特性：

1. 全新的"内容识别填充"功能

"内容识别填充"工作区可以提供交互式编辑体验，进而获得无缝的填充结果。同时 Adobe Sensei 技术使得设计人员可以选择要使用的源像素，并且可以旋转，缩放和镜像源像素。

2. 可以轻松实现蒙版功能的图框工具

Adobe Photoshop CC 2019 新的"图框工具"可以将图像置入图框中，即可以轻松地遮住图像。使用"图框工具"可以快速创建矩形或椭圆形占位符图框。另外，还可以将任意形状或文本转化为图框，并使用图像填充图框。

3. 对称模式

画笔、混合器画笔、铅笔、橡皮擦工具"选项"栏中增加了对称模式。对称类型有：垂直、水平、双轴、对角线、波纹、圆形、螺旋线、平行线、径向、曼陀罗。在绘制过程中，描边将在对称线上实时反映出来，对称模式能够轻松创建复杂的对称图案。

4. 使用色轮选取颜色

色彩选取方式新增了使用色轮选取颜色，借助色轮，可实现色谱的可视化图表，并且可以根据协调色的概念选取颜色。

1.1.3 Adobe Photoshop CC 2019 的安装、 启动与卸载

1. Adobe Photoshop CC 2019 的安装

（1）在安装前，请确保关闭系统中正在运行的所有应用程序（包括其他 Adobe 应用程序，Microsoft Office 应用程序和浏览器窗口），同时建议在安装过程中临时关闭病毒防护。

（2）必须具有管理权限，或者能够通过管理员身份验证。

（3）运行 Photoshop CC 2019 安装程序。

（4）首次安装的时候需要注册一个账号，点击获取 Adobe ID；并按照向导完成安装。

2. Adobe Photoshop CC 2019 的启动

（1）安装了 Adobe Photoshop CC 2019 程序之后，在系统的"开始"菜单中，可以找到它，方法是选择"开始→程序→Adobe Photoshop CC 2019"命令即可启动它。启动

Adobe Photoshop CC 2019 时，可以看到程序初始化的过程。

（2）若在桌面上创建了 Adobe Photoshop CC 2019 的快捷方式后，双击该快捷方式的图标可以快捷启动该程序。启动过程完成后，可以看到 Adobe Photoshop CC 2019 程序的主界面。

3. Adobe Photoshop CC 2019 的关闭

要退出 Adobe Photoshop CC 2019，可以使用不同的方法，下面列出其中最常用的方法：

（1）单击 Adobe Photoshop CC 2019 窗口的标题栏最右侧的关闭按钮 ✕。

（2）按键盘上的 Alt + F4 或 Ctrl + Q 键。

（3）选择"文件"→"退出"命令。

4. Adobe Photoshop CC 2019 的卸载

卸载软件之前，请关闭系统中正在运行的所有应用程序（包括其他 Adobe 应用程序、Microsoft Office 应用程序和浏览器窗口）。在 Windows 10 中，打开 Windows 控制面板，然后双击"添加/删除程序"。选择想要卸载的产品，单击"更改/删除"，然后按照屏幕说明执行操作。

1.1.4 Adobe Photoshop CC 2019 的工作环境

1. Adobe Photoshop CC 2019 的工作界面

启动过程完成后，可以看到 Adobe Photoshop CC 2019 程序的工作界面，如图 1 - 1 所示。

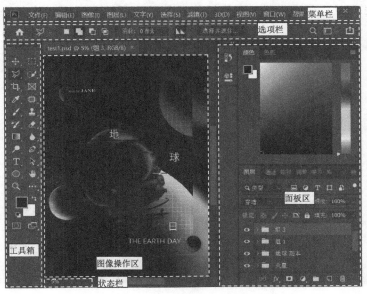

图 1 - 1　Adobe Photoshop CC 2019 工作界面

2. 恢复 Adobe Photoshop CC 2019 的初始状态

在启动 Photoshop CC 2019 之后，依次点击菜单栏上"编辑（Edit）→首选项（Preferences）→常规（General）"，可以在打开的对话框中下部看到"复位所有警告对话框（Reset All Warning Dialogs）"，点击此按钮，会弹出一个确认对话框，点击"是（Yes）"，即可将 Photoshop CC 2019 恢复到系统的初始状态。

3. 工具选项栏

工具选项栏又叫工具属性栏，是为各种工具提供选项的面板。选项栏不仅在形状上不同于其他的面板，而且在功能上也有很大的差别。工具选项栏一般默认在菜单栏下方，图像窗口上方，控制着工具箱中所有工具的属性、功能和参数设置，不同的参数可以产生不同的效果。在工具栏中选中任何一种工具，即可对应在选项栏中显示相应的属性，如图 1-2 所示。

图 1-2 移动工具选项栏

1.1.5 优化 Photoshop CC 2019 的工作环境

1. 调整 Photoshop 常规首选项

如果想要调整 Photoshop 的常规首选项，则执行"编辑（Edit）→首选项（Preferences）→常规（General）"菜单命令，即可弹出"首选项"对话框，如图 1-3 所示。

在常规选项中，有拾色器、图像插值、各类选项的选项框，其中"拾色器（Color

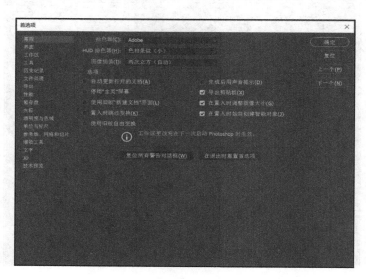

图 1-3 "首选项"对话框

picker）"下拉列表中有默认拾色器（Adobe）和系统拾色器（Windows）两个选项。

（1）图像差值（Color piker）：是一种图像重新分布像素时所用的计算方法，也是决定中间值的一个数学过程。

（2）选项：根据使用习惯设置软件使用偏好。

（3）复位所有警告对话框：在某些时候，显示的信息包含关于特定状态的警告或提示，通过选择信息中的"不再显示"选项，可以使用这些信息的显示。也可以单击"复位所有警告对话框"按钮，将所有已停用的信息显示全部恢复。

2. 界面与工作区设置

在 Photoshop 中，界面的个性化得到加强，用户可以使用多种方式来定义自己的工作界面，如图 1 - 4 所示。

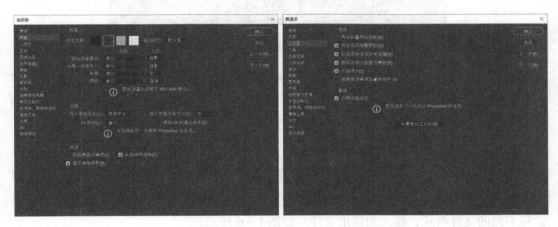

图 1 - 4　"界面"与"工作区"设置对话框

（1）用彩色显示通道：在"通道"面板中是否以彩色显示符合通道。

（2）自动折叠图标面板：选择该选项，单击应用程序中其他位置时，自动折叠打开的图标面板。

（3）自动显示隐藏面板：选择该选项，当鼠标滑过时显示隐藏的面板。

（4）以选项卡方式打开文档：若选择该选项，打开文档时将以选项卡的方式进行排列，若习惯以悬浮窗口方式打开文档，就取消选中此复选框。

（5）启用浮动文档窗口停放：选择该选项，则允许在拖动浮动窗口时将其作为选项卡停放在其他窗口中。

3. 历史记录状态

历史记录状态的默认值为 50 步，也就是说 Photoshop 默认可以恢复 50 个操作步骤，用户可以在首选项中的性能对话框中修改历史记录状态数值。如图 1 - 5 所示。

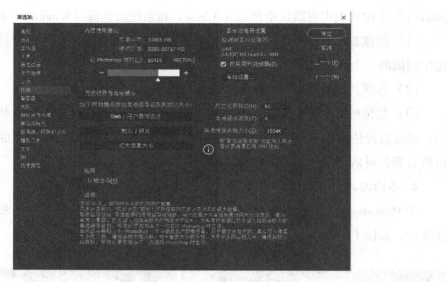

图1-5 "性能"对话框设置历史记录状态

当然，历史记录状态的数值越高，Photoshop 所消耗的内存也就越大。在学生学习的初始阶段，适当加大操作步骤的设置数值，这样可以对新手减少误操作起到一定的帮助作用，同时也可以在暂存盘选项中勾选内存较大的硬盘做暂存盘。

4. 增效工具

根据默认的情况，Photoshop 有大量的增效工具（Plug-Ins），这些增效工具在"滤镜"菜单下可产生不同的特殊效果，也为 Photoshop 增添了一些有价值的功能，如可以读写不同的文件格式，输入和输出文件。如图1-6所示。

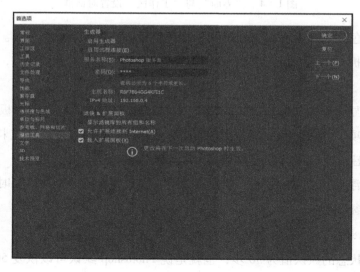

图1-6 "增效工具"对话框

1.2 Adobe Photoshop CC 2019 图像处理基础

1.2.1 图像基本概念

1. 像素

"像素"（Pixel）是由 Picture（图像）和 Element（元素）这两个单词的字母所组成的，是用来计算数码影像的一种单位，如同摄影照片一样，数码照片具有连续性的色彩阶调，我们若把影像放大数倍，会发现数码图像是由许多色彩相近的方格所组成，这些小方格就是构成影像的最小单位"像素"（Pixel），也可称为栅格。这种最小的图形的单元能在屏幕上显示通常是单个的色点。每个像素都有不同的颜色值，越高位的像素，单位长度内的像素越多，该分辨率越高，其拥有的色板也就越丰富，越能表达颜色的真实感。

一个像素所能表达的不同颜色数取决于比特每像素（bpp）。这个最大数可以通过取二的色彩深度次幂来得到。例如，常见的取值有：8 bpp $[2^8 = 256（256 色）]$；16 bpp $[2^{16} = 65\ 536（65\ 536 色，称为高彩色）]$；24 bpp $[2^{24} = 16\ 777\ 216（16\ 777\ 216 色，称为真彩色）]$；48 bpp $[2^{48} = 281\ 474\ 976\ 710\ 656（281\ 474\ 976\ 710\ 656 色，用于很多专业的扫描仪）]$。256 色的图形经常以块或平面格式存储于显存中，其中显存中的每个像素是到一个称为调色板的颜色数组的索引值。这些模式因而有时被称为索引模式。虽然每次只有 256 色，但是这 256 种颜色选自一个选择大的多的调色板，通常是 16 兆色。对于超过 8 位的深度，这些数位就是三个分量（红绿蓝）的各自的数位的总和。一个 16 位的深度通常分为 5 位红色和 5 位蓝色、6 位绿色（眼睛对于绿色更为敏感）。24 位的深度一般是每个分量 8 位。在有些系统中，32 位深度也是可选的：这意味着 24 位的像素有 8 位额外的数位来描述透明度。在老一些的系统中，4 bpp（16 色）也是很常见的。当一个图像文件显示在屏幕上，每个像素的数位对于光栅文本和对于显示器可以是不同的。有些光栅图像文件格式相对其他格式有更大的色彩深度。例如 GIF 格式，其最大深度为 8 位，而 TIFF 文件可以处理 48 位像素。没有任何显示器可以显示 48 位色彩，所以这个深度通常用于特殊专业应用，例如胶片扫描仪和打印机。这种文件在屏幕上采用 24 位深度绘制。

2. 位图与矢量图

位图图像也称像素图像或点阵图像，是由多个像素点组合而成的，位图可以模仿照片的真实效果，具有表现力强、细腻、层次多和细节丰富等优点。由于位图是由多个像素点组成的，若用放大工具将位图放大到一定倍数时可以清楚地看到这些像素点，也就是说，位图图像在缩放时会产生失真。位图图像的质量是由分辨率决定的，单位长度内的像素越多，分辨率越高，图像的效果就越好。用于制作多媒体光盘的图像通常达到72 ppi，而用于彩色印刷品的图像则需 300 ppi 左右，印出的图像才不会缺少平滑的颜色过渡。

位图的文件类型很多，如 ∗. bmp，∗. pcx，∗. gif，∗. jpg，∗. tif, photoshop 的 ∗. pcd,kodak photo CD 的 ∗. psd，corel photo paint 的 ∗. cpt 等。同样的图形，存盘成以上几种文件时文件的字节数会有一些差别，尤其是 jpg 格式，它的大小只有同样的 bmp 格式的 1/20 到 1/35，这是因为它们的点矩阵经过了复杂的压缩算法的缘故。

矢量图是由诸如 Corel 公司的 CorelDraw，Adobe 公司的 Illustrator，Macromedia Freehand，Flash MX 等一系列图形软件产生的，它由一些用数学方式描述的曲线组成，其基本组成单元是锚点和路径，不论放大缩小多少，它的边缘都是平滑的，适用于制作企业标志，这些标志无论用于商业信纸，还是招贴广告，只用一个电子文件就能满足要求，可随时缩放，而效果同样清晰，其最大的缺点是难以表现色彩丰富的逼真图像效果。

矢量图形与分辨率无关，可以将它缩放到任意大小和以任意分辨率在输出设备上打印出来，都不会影响清晰度。因此，矢量图形是文字（尤其是小字）和线条图形（比如徽标）的最佳选择。

位图图像和矢量图形没有好坏之分，只是用途不同而已。因此，整合位图图像和矢量图形的优点，才是处理数字图像的最佳方式。

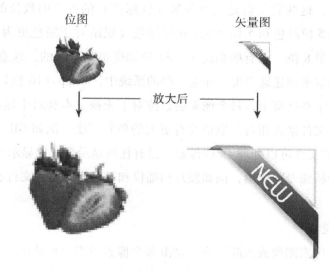

图 1 - 7　点阵图与矢量图的区别

3. 图像分辨率

图像分辨率即图像每英寸所包含的像素数量，单位是 ppi（pixels per inch）。如果图像分辨率是 72 ppi，就是在每英寸长度内包含 72 个像素。图像分辨率越高，意味着每英寸所包含的像素越多，图像就有越多的细节，颜色过渡就越平滑。图像分辨率和图像的宽、高尺寸一起决定了图像文件的大小及图像质量。比如，一幅图像宽 9 英寸、高 7 英寸、分辨率为 100 ppi，如果保持图像文件的大小不变，也就是总的像素数不变，将分辨率降为 50 ppi，在宽高比不变的情况下，图像的宽将变为 18 英寸，高将变为 14 英寸。打印输出变化前后的这两幅图，我们会发现后者的幅面是前者的 4 倍，而且图像质量下降了许多。那么，把这两幅变化前后的图送入计算机显示器会出现什么现象呢？比如，将它们送入显示模式为 800×600 的显示器显示，我们会发现这两幅图的画面尺寸一样，画面质量也没有区别。因为对于计算机的显示系统来说，一幅图像的 ppi 数值是没有意义的，起作用的是这幅图像所包含的总的像素数即水平方向的像素数×垂直方向的像素数。

图像分辨率和图像大小之间有着密切的关系。图像分辨率越高，所包含的像素越多，也就是图像的信息量越大，因此文件也就越大。通常文件的大小是以"兆字节"（MB）为单位的。通过扫描仪获取大图像时，将扫描分辨率设定为 300 ppi 就可以满足高分辨率输出的需要。若扫描时分辨率设得比较低，通过 Photoshop 来提高图像分辨率的话，则由 Photoshop 利用差值运算来产生新的像素，这样会造成图像质量差，缺乏层次，不能忠实于原稿。如果扫描时分辨率设得比较高，图像已经获得足够的信息，通过 Photoshop 减少图像分辨率则不会影响图像的质量。另外，常提到的输出分辨率是以 dpi（dots per inch，每英寸所含的点）为单位的，它是针对输出设备而言的。通常激光打印机的输出分辨率为 300～600 dpi，照排机要达到 1200～2400 dpi 或更高。

普通显示器的典型分辨率约为 96dpi，苹果机显示器的典型分辨率约为 72 dpi。当图像分辨率高于显示器分辨率时，图像在显示器屏幕上显示的尺寸会比指定的打印尺寸大。

4. 色彩深度

色彩深度用来度量图像中有多少颜色信息可用于显示或打印像素，其单位是"位（Bit）"，所以色彩深度有时也称为位深度。常用的色彩深度是 1 位、8 位、24 位和 32 位。1 位有两个可能的数值：0 或 1。较大的颜色深度（每像素信息的位数更多）意味着数字图像具有较多的可用颜色和较精确的颜色表示，颜色深度越大，图片占的空间越大。

因为一个 1 位的图像包含 2^1 种颜色，所以 1 位的图像最多可由两种颜色组成。在 1

位图像中，每像素的颜色只能是黑或白，一个 8 位的图像包含 2^8 种颜色，或 256 级灰阶，每个像素可能是 256 种颜色中的任意一种，一个 24 位的图像包含 2^{24} 种颜色，一个 32 位的图像包含 2^{32} 种颜色，但很少这样讲，这是因为 32 位的图像可能是一个具有 Alpha 通道的 24 位图像，也可能是 CMYK 色彩模式的图像，这两种情况下的图像都包含有 4 个 8 位的通道。图像色彩模式和色彩深度是相关联的（一个 RGB 图像和一个 CMYK 图像都可以是 32 位的，但不总是这种情况）。Photoshop 也支持 16 位/通道，可产生 16 位的灰度模式的图像，48 位的 RGB 模式的图像，64 位的 CMYK 模式的图像。

　　显示器的"颜色深度"可以看作是一个调色板，它决定了屏幕上每个像素点支持多少种颜色。由于显示器中每一个像素都用红、绿、蓝三种基本颜色组成，像素的亮度也由它们控制（比如，三种颜色都为最大值时，就呈现为白色），通常色深可以设为 4bit，8bit，16bit，24bit。色深位数越高，颜色就越多，所显示的画面色彩就逼真。但是颜色深度增加时，它也加大了图形加速器所要处理的数据量。

表 1－1　颜色精密度表

色彩深度	颜色数量	色彩模式
1 位	2（黑和白）	位图
8 位	256	索引颜色
16 位	65 536	灰度，16 位/通道
24 位	1670 万	RGB
32 位	CMYK，RGB	
48 位	RGB，16 位/通道	

1.2.2　颜色模型和模式

　　颜色模式决定用于显示和打印图像的颜色模型（颜色模型是用于表现颜色的一种数学算法）。Photoshop 的颜色模式以用于描述和重现色彩的颜色模型为基础。建立颜色模型，有助于准确地表现自然界异常丰富的颜色种类，揭示颜色的本质，进而模拟颜色，实现颜色的再现和复制。

　　目前比较常见的颜色模型有四种，尽管根据的原理有所不同，但它们都能比较科学地模拟自然界的颜色现象来表现颜色。作为色彩复制技术的应用，彩色电视机和电子计算机显示器的色彩复制技术采用的是基于 RGB 模型的彩色合成模式，而印刷技术和打印机采用了基于 CMYK 模型的彩色合成技术。常见的颜色模型包括 HSB（H：色相，S：饱和度，B：亮度），RGB（R：红色，G：绿色，B：蓝色），CMYK（C：青色，M：洋红色，Y：黄色，K：黑色）和 Lab（L：亮度，a，b：颜色通道）。如图 1－8 所示。

图 1－8　拾色器所示四种颜色模式

　　Photoshop 是优秀的图像处理软件，运用常见的颜色模型建立起自己独特的颜色表现模式，这无疑是 Photoshop 确立它在印刷技术领域领先地位的主要原因。熟悉它的人都知道，当我们打开彩色文件之后，屏幕上的信息调板能够运用不同的颜色模式来显示采样点的颜色信息，为操作者进行的颜色编辑提供参考。信息调板同时显示操作者设定的两种颜色信息：第一颜色信息和第二颜色信息。

　　常见的颜色模式包括位图模式、灰度模式、双色调模式、RGB 模式、CMYK 模式、Lab 模式、索引颜色模式、多通道模式。

　　1. HSB 模型

　　HSB 模型是基于人眼对色彩的观察来定义的，在此模型中，所有的颜色都用色相、饱和度和亮度三个特性来描述。

　　（1）色相是与颜色主波长有关的颜色物理和心理特性。从实验可知，不同波长的可见光具有不同的颜色，众多波长的光以不同比例混合可以形成各种各样的颜色，但只要波长组成情况一定，颜色就确定了。非彩色（黑、白、灰）不存在色相属性。所有色彩（红、橙、黄、绿、青、蓝、紫等）都是表示颜色外貌的属性，它们就是色相，有时也将色相称为色调。简单来讲，色相或色调是物体反射或透射的光的波长，一般用"°"来表示，范围是 0°～360°。

　　（2）饱和度是颜色的强度或纯度，表示色相中灰色成分所占的比例。通常以"%"来表示，范围是 0%～100%。

（3）亮度是颜色的相对明暗程度，通常也是以 0%（黑色）~100%（白色）来度量。

2. RGB 模型和模式

RGB 模型是光混合模型，即所有不同波长的可见光都传播到人眼。绝大多数可视光谱可用红色、绿色和蓝色（R/G/B）三色光的不同比例和强度的混合来表示。由于 RGB 颜色所有颜色加在一起最终可以产生白色，因此也称它们为加色混合。加色混合可以用于光照、视频和显示器。例如，显示器通过红色、绿色和蓝色荧光粉发射光线产生颜色。

Photoshop 的 RGB 模式使用 RGB 模型，将红（R）、绿（G）、蓝（B）3 种基色按照从 0 到 255 的亮度值在每个色阶中分配，从而指定其色彩。当不同亮度的基色混合后，便会产生出 256×256×256 种颜色，约为 1670 万种。例如，当 R，G，B 值都为 255 时，产生纯白色，当 3 种值都为 0 时，产生纯黑色。3 种色光混合生成的颜色一般比原来的颜色亮度值高，所以 RGB 模型又被称为色光加色法。

3. CMYK 模型和模式

CMYK 模型以打印在纸上的油墨的光线吸收特性为基础。当白光照射到半透明油墨上时，某些可见光波长被吸收，而其他波长的光线则被反射回眼睛。CMYK 的 4 个字母分别指青（C）、洋红（M）、黄（Y）和定位套版色（K），在印刷中代表 4 种颜色的油墨。

CMYK 模型和 RGB 模型使用不同的色彩原理进行定义。在 RGB 模型中由光源发出的色光混合生成颜色，而在 CMYK 模型中由光线照到不同比例的青、洋红、黄和黑油墨的纸上，部分光谱被吸收后，反射到人眼中的光产生的颜色。由于青、洋红、黄、黑在混合成色时，随着 4 种成分的增多，反射到人眼中的光会越来越少，光线的亮度会越来越低，所以 CMYK 模型产生颜色的方法又称为色光减色法。在 Photoshop 的 CMYK 模式中，为每个像素的每种印刷油墨指定一个百分比值。为最亮（高光）颜色指定的印刷油墨颜色百分比较低，而为较暗（暗调）颜色指定的百分比较高。如果图像用于印刷，应使用 CMYK 模式。

4. CIE L*a*b* 模型和 Lab 模式

CIE L*a*b* 颜色与设备无关，无论使用何种设备创建或输出图像，这种模型都能生成一致的颜色。CIE L*a*b* 颜色由亮度或亮度分量（L）和两个色度分量即 a 分量（从绿色到红色）、b 分量（从蓝色到黄色）组成。

在 Photoshop 的 Lab 模式中，亮度分量（L）范围为 0~100。在拾色器中，a 分量（绿色到红色轴）和 b 分量（蓝色到黄色轴）的范围为 +127~-128。在"颜色"调板中，a 分量和 b 分量的范围为 + 127 ～ − 128。

在 Photoshop 使用的各种颜色模型中，CIE L * a * b * 模型具有最宽的色域（色域是颜色系统可以显示或打印的颜色范围），可以包括 RGB 和 CMYK 色域中的所有颜色。CMYK 色域较窄，仅包含使用印刷色油墨能够打印的颜色，当不能打印的颜色显示在屏幕上时，称其为溢色（超出 CMYK 色域范围）。Lab 模式是 Photoshop 在不同颜色模式之间转换时使用的中间颜色模式。

5. 位图模式

位图模式用两种颜色（黑和白）来表示图像中的像素，位图模式的图像也叫作黑白图像。因为其颜色深度为1，故位图模式的图像，也称为1位图像。由于位图模式只用黑白色来表示图像的像素，在将图像转换为位图模式时会丢失大量细节，因此 Photoshop 提供了一些算法来模拟图像中丢失的细节。Photoshop 使用的位图模式只使用黑白两种颜色中的一种表示图像中的像素。位图模式的图像也叫做黑白图像，它包含的信息最少，因而图像也最小。

6. 灰度模式

灰度模式可以使用多达256级灰度来表现图像，使图像的过渡更平滑细腻。灰度图像的每个像素有一个0（黑色）到255（白色）之间的亮度值。灰度值也可以用黑色油墨覆盖的百分比来表示（0%等于白色，100%等于黑色），而颜色调色板中的 K 值用于衡量黑色油墨的量。

7. 双色调模式

双色调模式采用2～4种彩色油墨混合其色阶来创建双色调（2种颜色）、三色调（3种颜色）和四色调（4种颜色）的图像。在将灰度图像转换为双色调模式的图像过程中，可以对色调进行编辑，产生特殊的效果。使用双色调模式的重要用途之一是使用尽量少的颜色表现尽量多的颜色层次，这对于减少印刷成本是很重要的，因为在印刷时，每增加一种色调都需要更大的成本。

8. 索引颜色模式

索引颜色模式是网上和动画中常用的图像模式，当彩色图像转换为索引颜色模式的图像后变成近256种颜色。索引颜色图像包含一个颜色表。如果原图像中的颜色不能用256色表现，则 Photoshop 会从可使用的颜色中选出最相近的颜色来模拟这些颜色，这样可以减小图像文件的大小。颜色表用来存放图像中的颜色并为这些颜色建立颜色索引，颜色表可在转换的过程中定义或在生成索引模式图像后修改。

9. 多通道模式

在多通道模式中，每个通道都包含有256灰度级存放着图像中颜色元素的信息。该模式多用于特定的打印或输出。

当将图像转换为多通道模式时，可以使用下列原则：原始图像中的颜色通道在转换后的图像中变为专色通道。通过将 CMYK 图像转换为多通道模式，可以创建青色、洋红、黄色和黑色专色通道。通过将 RGB 图像转换为多通道模式，可以创建红色、绿色和蓝色专色通道。通过从 RGB，CMYK 或 Lab 图像中删除一个通道，可以自动将图像转换为多通道模式。若要输出多通道图像，需要用 Photoshop DCS 2.0 格式存储图像，多通道模式对有特殊打印要求的图像非常有用。例如，如果图像中只使用了一两种或两三种颜色时，使用多通道颜色模式可以减少印刷成本。

1.2.3 颜色模式的转换

为了能够在不同场合正确输出图像，有时需要把图像从一种模式转换为另一种模式。Photoshop 通过执行"图像（Image）→模式（Mode）"子菜单中的命令，来转换需要的颜色模式。这种颜色模式的转换有时会永久性地改变图像中的颜色值。例如，将 RGB 模式图像转换为 CMYK 模式图像时，CMYK 色域之外的 RGB 颜色值被调整到 CMYK 色域之内，从而缩小了颜色范围。由于有些颜色模式在转换后会损失部分颜色信息，因此在转换前最好为其保存一个备份文件，以便在必要时恢复图像。

1. 将彩色模式转换为灰度模式的图像

将彩色模式转换为灰度模式图像时，Photoshop 会扔掉原图像中所有的色彩信息，而只保留像素的灰度级。灰度模式可作为位图模式和彩色模式相互转换的中介模式。

2. 将其他模式的图像转换为位图模式

将其他模式的图像转换为位图模式会使图像颜色减少到两种，这样就大大简化了图像中的颜色信息，并减小了文件大小。要将图像转换为位图模式，必须首先将其转换为灰度模式。这会去掉像素的色相和饱和度信息，而只保留亮度值。但是，由于只有很少的编辑选项能用于位图模式图像，所以最好是在灰度模式中编辑图像，然后再进行转换。在灰度模式中编辑的位图模式图像转换为位图模式后，看起来可能不一样。例如，在位图模式中为黑色的像素，在灰度模式中经过编辑后可能会是灰色。如果像素足够亮，当转换回位图模式时，它将成为白色。

3. 将其他模式转换为索引颜色模式

在将彩色模式转换为索引颜色模式时，会删除掉图像中的很多颜色，而仅保留其中的 256 种颜色，即多媒体动画应用程序和网页所支持的标准颜色数。只有灰度模式和 RGB 模式的图像可以转换为索引颜色模式。由于灰度模式本身就是由 256 种颜色灰度构成，因此转换为索引颜色后无论颜色还是图像大小都没有明显的差别。但将 RGB 模式的图像转换为索引颜色模式后，图像的大小将明显减小，图像的视觉品质也将受损。

4. 将 RGB 模式的图像转换成 CMYK 模式图像

将 RGB 模式的图像转换成 CMYK 模式图像，图像中的颜色就会产生分色，颜色的色域会受到限制。因此，如果图像是 RGB 模式的，最好在 RGB 模式下编辑完成后，再转换成 CMYK 模式图像进行输出和印刷。

5. 利用 Lab 模式进行模式转换

在 Photoshop 所能使用的颜色模式中，Lab 模式的色域最宽，它包括 RGB 和 CMYK 色域中的所有颜色。所以使用 Lab 模式进行转换时不会造成任何色彩上的损失。Photoshop 便是以 Lab 模式作为内部转换模式来完成不同颜色模式之间转换的。例如，将 RGB 模式的图像转换为 CMYK 模式时，计算机内部首先会把 RGB 模式转换为 Lab 模式，然后再将 Lab 模式的图像转换为 CMYK 模式的图像。

6. 将其他模式转换为多通道模式

多通道模式可通过转换颜色模式和删除原有图像的颜色通道得到。将 CMYK 图像转换为多通道模式，可创建由青、洋红、黄和黑色专色构成的图像。将 RGB 图像转换为多通道模式，可创建由红色、绿色和蓝色专色构成的图像。从 RGB，CMYK 或 Lab 图像中删除一个通道会自动将图像转换为多通道模式，原来的通道被转换为专色通道。专色可以是特殊的预混油墨，用来替代或补充印刷四色油墨；专色通道是可为图像添加预览专色的专用颜色通道。

1.2.4 图像常用文件格式

Photoshop 功能强大，支持几十种文件格式读取与存储，因此能很好地支持多种应用程序。在 Photoshop 中，它主要包括固有格式（PSD）、应用软件交换格式（EPS、DCS、Filmstrip）、专有格式（GIF，BMP，Amiga IFF，PCX，PDF，PICT，PNG，Scitex CT，TGA）、主流格式（JPEG，TIFF），以及其他格式（Photo CD YCC，FlshPix）。这里只介绍在 Windows 下较为普遍使用的格式。

1. PSD 格式

Photoshop 的固有格式 PSD 体现了 Photoshop 独特的功能和对功能的优化，例如，PSD 格式可以比其他格式更快速地打开和保存图像，很好地保存图层，蒙版，注释，压缩方案不会导致数据丢失等。但是，很少有应用程序能够支持这种格式，仅有很少的软件支持 PSD，并且可以处理每一层图像。有的图像处理软件仅限制在处理平面化的 Photoshop 文件，无法按图层处理，如 ACDSee 等软件，而其他大多数软件不支持 Photoshop

这种固有格式。

2. TIFF 格式

TIFF [Tag Image File Format（标记图像文件格式）] 是 Aldus 在 Mac 初期开发的，目的是使扫描图像标准化。它是跨越 Mac 与 PC 平台最广泛的图像打印格式，是一种灵活的位图图像格式，支持所有的绘画、图像编辑和页面排版应用程序。而且，几乎所有的桌面扫描仪都可以产生 TIFF 图像。TIFF 使用 LZW 无损压缩，大大减少了图像体积。TIFF 格式支持具有 Alpha 通道的 CMYK、RGB、Lab、索引颜色和灰度图像以及无 Alpha 通道的位图模式图像。Photoshop 可以在 TIFF 文件中存储图层。但是，如果在其他应用程序中打开此文件，则只能看到拼合后的图像。Photoshop 也可以用 TIFF 格式存储注释、透明度和多分辨率金字塔数据。

3. JPEG 格式

JPEG [由 Joint Photographic Experts Group（联合图形专家组）命名] 是平时最常用的图像格式。JPEG 是一个最有效、最基本的有损压缩格式。JPEG 格式通过有选择地丢弃数据来压缩文件大小，可以保留了 RGB 模式图像中的所有颜色信息，同时可以被大多数图形处理软件所支持。JPEG 格式的图像还广泛用于 Web 的制作。如果对图像质量要求不高，但又要求存储大量图片，可任意使用 JPEG 格式。但是，对于要求进行图像输出打印，最好不使用 JPEG 格式，因为它是以损坏图像质量而提高压缩质量的。压缩级别越高，得到的图像品质越低；压缩级别越低，得到的图像品质越高。在大多数情况下，"最佳"品质选项产生的结果与原图像几乎无分别。

4. JPEG 2000 格式

JPEG 2000 作为 JPEG 的升级版，其压缩率比 JPEG 高约 30% 左右，同时支持有损和无损压缩。JPEG 2000 格式有一个极其重要的特征在于它能实现渐进传输，即先传输图像的轮廓，然后逐步传输数据，不断提高图像质量，让图像由朦胧到清晰显示。此外，JPEG 2000 还支持"感兴趣区域"特性，可以任意指定影像上感兴趣区域的压缩质量，还可以选择指定的部分先解压缩。

JPEG 2000 和 JPEG 相比优势明显，且向下兼容，因此可取代传统的 JPEG 格式。在有损压缩下，JPEG 2000 的一个比较明显的优点就是没有 JPEG 压缩中的马赛克失真效果。

5. GIF 格式

GIF（图形交换格式）是在 World Wide Web 及其他联机服务上常用的一种文件格式，用于显示超文本标记语言（HTML）文档中的索引颜色图形和图像。GIF 是一种用

LZW 压缩的格式，限定在 256 色以内的色彩，目的在于减小文件大小和缩短数据传输时间。GIF 格式保留索引颜色图像中的透明度，但不支持 Alpha 通道。GIF 格式以 87a 和 89a 两种代码表示。GIF87a 严格支持不透明像素。而 GIF89a 可以控制部分区域透明，因此，更大地缩小 GIF 的尺寸。如果要使用 GIF 格式，就必须转换成索引色模式，使色彩数目转为 256 或更少。

6. PNG 格式

PNG（便携式网络图形）是由 Netscape 公司开发出来的格式，可以用于网络图像，但它不同于 GIF 格式图像只能保存 256 色，PNG 格式可以保存 24 位的真彩色图像，并且支持透明背景和消除锯齿边缘的功能，可以在不失真的情况下压缩保存图像。

7. BMP 格式

BMP（Windows Bitmap）是 DOS 和 Windows 兼容计算机上的标准 Windows 图像格式，这种格式被大多数软件所支持。BMP 格式采用了一种叫 RLE 的无损压缩方式，对图像质量不会产生什么影响。BMP 格式支持 RGB、索引颜色、灰度和位图颜色模式。

8. PDF 格式

PDF［Portable Document Format（便携式文件格式）］是由 Adobe Systems 在 1993 年用于文件交换所发展出的文件格式。Adobe 公司设计 PDF 文件格式的目的，是跨平台支持多媒体集成信息的出版和发布，尤其是提供对网络信息发布的支持。为了达到此目的，PDF 具有许多其他电子文档格式无法相比的优点。PDF 文件格式可以将文字、字型、格式、颜色及独立于设备和分辨率的图形图像等封装在一个文件中。该格式文件还可以包含超文本链接、声音和动态影像等电子信息，支持特长文件，集成度和安全可靠性都较高。

9. Pixar 格式

Pixar 格式是专为高端图形应用程序（如用于渲染三维图像和动画的应用程序）设计的。Pixar 格式支持具有单个 Alpha 通道的 RGB 和灰度图像。

10. TGA 格式

TGA（Tagged Graphics）是由美国 Truevision 公司为其显示卡开发的一种图像文件格式，已被国际上的图形、图像工业所接受。现已成为数字化图像以及运用光线跟踪算法所产生的高质量图像的常用格式。TGA 文件的扩展名为"tga"，该格式支持压缩，使用不失真的压缩算法，可以带通道图，另外还支持行程编码压缩。TGA（Targa）格式是计算机上应用最广泛的图像格式。在兼顾了 BMP 的图像质量的同时又兼顾了 JPEG 的体积优势，并且还有自身的特点：通道效果，方向性。在 CG 领域常作为影视动画的序列输出格式，因为兼具体积小和效果清晰的特点。

11. EPS 格式

EPS 是 Encapsulated Post Script 的缩写，EPS 文件是桌面印刷系统普遍使用的通用交换格式当中的一种综合格式。EPS 文件格式又被称为带有预视图象的 PS 格式，它是由一个 PostScript 语言的文本文件和一个（可选）低分辨率的由 PICT 或 TIFF 格式描述的代表像组成。EPS 文件就是包括文件头信息的 PostScript 文件，利用文件头信息可使其他应用程序将此文件嵌入文档。EPS 格式支持 Lab、CMYK、RGB、索引颜色、双色调、灰度和位图颜色模式，但不支持 Alpha 通道，支持剪贴路径。

1.3　小结

通过本章的学习，需要了解 Photoshop CC 2019 的应用范围；理解并掌握点阵图、分辨率、色彩模式、存储格式的概念，重点掌握点阵图像的属性；对 Photoshop CC 2019 工作界面的各部分分别作了简要介绍，讲解了 Photoshop CC 2019 中的一些基础操作，为深入学习 Photoshop CC 2019 打下了坚实的基础。

1.4　习题

一、填空题

1. Photoshop CC 2019 是_____国_____公司推出的。

2. 精细的彩色印刷品的分辨率通常设置为_____ dpi，并且要保存为_____格式才能印刷。

3. 灰度模式可作为_____和_____相互转换的中介模式。

4. GIF 格式保留索引颜色图像中的_____，但不支持_____通道。

二、选择题

1. 在 Photoshop 中，下列哪些是表示分辨率的单位？（　　　）

    A. 像素/英寸　　　　　　　　　B. 像素/派卡

    C. 像素/厘米　　　　　　　　　D. 像素/毫米

2. 图像分辨率的单位是（　　　）。

    A. dpi　　　　　　　　　　　　B. ppi

    C. lpi　　　　　　　　　　　　D. pixel

3. 用于印刷的图像分辨率应不低于多少？（　　　）

    A. 72 ppi   B. 96 ppi

    C. 1024 ppi   D. 300 ppi

4. 下列哪四种模式可使用 16 位/通道来代替默认的 8 位/通道？（　　　）

    A. 灰度、RGB、CMYK 或 Lab 模式

    B. 位图、灰度、CMYK 或 Lab 模式

    C. 灰度、双色调、CMYK 或 Lab 模式

    D. 灰度、索引颜色、RGB 或 Lab 模式

三、 简答题

1. 什么是矢量图像？什么是位图图像？两者的优缺点是什么？

2. 如何理解图像的分辨率？

3. 如何利用 Lab 模式进行模式转换？

第2章 选区选定及调整和路径的应用

学习目标

通过选区工具组的使用学习，加强学生对软件的基础功能的理解

掌握选区的选定方法及技巧

加强学生对路径工具的理解和对路径工具的灵活使用

通过将路径与选区转换的一些案例，让学生对软件的编辑和设计创作能力有一定的提高

2.1 选区工具

在 Photoshop 中，我们将对一个图形进行编辑之前，需要对所编辑的图形的某个区域创建一个规则的或者不规则的封闭的一个虚线区域，虚线我们称之为"蚂蚁线"，被"蚂蚁线"圈住的区域我们就叫做"选区"。只有在选区内部我们才可以对其进行编辑操作，选区外部区域则不受影响。

2.1.1 选框工具组

选框工具组中包括了"矩形选框工具""椭圆选框工具""单行选框工具"和"单列选框工具"共四个工具，如图 2－1 所示。其主要功能用于创建一个规则的选区，用于对区域内的图形进行编辑。

图2－1 选框工具组

1. 矩形选框工具

单击工具箱中的"矩形选框工具"按钮▥，在图像上按鼠标左键并拖动，即可创建一个矩形选区，如图 2－2 所示。

单击"矩形选框工具"按钮▥后，在对应的选框工具选项栏中可以使用▦▦▦▦▦，增减选区，也可以对选区进行羽化、样式等设置。

（1）单击选框工具在默认状态下，对应的选项栏是"新选区"按钮▢。在此状态下

可以创建新的选区。

（2）选项栏单击"添加到选区"按钮，可以在原来创建的选区上新增加新的选区。

（3）选项栏单击"从选区中减去"按钮，可以在原来创建的选区中减去不要的区域。

（4）选项栏单击"与选区交叉"按钮，可以将新选区和原选区重叠交集的部分创建一个新的选区。

图 2-2　矩形选框创建选区

注意：除了新选区以外的三种选项按钮是选区工具的三种运算方法，是选区与选区的运算。我们一般把它们称作"加法选区""减法选区"和"交集选区"。选区的运算在 Photoshop 软件操作中有着较高的使用频率，如图 2-3 所示。

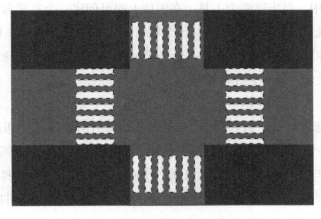

图 2-3　选区"加、减"运算绘制的人行道

（1）羽化：羽化是针对选区的一项编辑。羽化原理是令选区内外衔接的部分虚化从而达到自然衔接的效果。羽化值越大，虚化范围越宽，也就是说颜色递变的柔和；羽化值越小，虚化范围越窄。

（2）样式：该选项用于设置矩形选框的比例或尺寸，有"正常""固定宽高"和"固定大小"三个选项。

（3）平滑边缘转换：用于消除选区的锯齿边缘，矩形选框中不可使用该选项。

2. 椭圆选框工具

单击工具箱中的"椭圆选框工具"按钮，然后在图像中按鼠标左键并拖动，即可创建一个椭圆形的选区，如图 2-4 所示。

图 2 - 4　椭圆选框创建选区

3. 单行/单列选框工具

在 Photoshop 中，单击这两个工具，在图像上即可创建一个宽度为 1 像素的行或列的选区。这两个选区工具是为了方便选择一个像素的行和列而设置的，有时候为了加一些辅助线条，如果你要选择一个像素的一个选区，只有用这两个工具来进行选区的选择，在做一些表格之类的设计时会经常用到。

操作技巧：

（1）在创建选区时候，按住键盘 Shift 键可以将当前选区状态切换为"加法运算"选择的状态；按住键盘 Alt 键可以将当前选区状态切换为"减法运算"选择的状态；按住键盘 Shift + Alt 组合键可以将当前选区状态切换为"交集运算"选择的状态。

（2）用户在创建矩形或者椭圆选区的时候，按住键盘 Shift 键，可以创建正方形或正圆形选区；按住键盘 Shift + Alt 组合键可以创建以鼠标起点为圆心的正方形或正圆形选区。

2.1.2　套索工具组

在实际的图像综合处理编辑中，常常会遇到选择不规则的图像区域的情况，这时候用选框工具组的工具已经很难满足我们的需要，此时需要通过使用 Photoshop 中的套索工具组来完成不规则选区的选择和编辑任务。套索工具组包括了"套索工具""多边形套索工具"和"磁性套索工具"，如图 2 - 5 所示。

图 2 - 5　套索工具组

1. 套索工具

在工具箱中单击"套索工具"按钮，可以用于做任意不规则选区，鼠标左键按住并拖动，完成选择区域后释放鼠标，绘制出的套索线将自动闭合成为选区。

2. 多边形套索工具

在工具箱中单击"多边形套索工具"按钮，可以用于做有一定规则的选区，鼠标左键单击起始点，移动鼠标在图像边缘的转折处再次单击，形成多边形的定位点，然后移动鼠标重复单击，将结束点与起始点重合，完成创建的选区，如图2-6所示。

图2-6　多边形套索工具对人像创建选区

3. 磁性套索工具

在工具箱中单击"磁性套索工具"按钮，可以用于制作边缘比较清晰，且与背景颜色相差比较大的图片的选区，鼠标左键单击起始点，移动鼠标在图像边缘进行移动，因与背景颜色相差较大，选区可智能吸附于图像边缘，若是颜色差别过小可以通过鼠标点击进行校正，最后将结束点与起始点重合，完成创建的选区，如图2-7所示。

图2-7　磁性套索工具对人像创建选区

使用磁性套索工具后，可在工具选项中进行参数设置。其中"羽化"和"平滑边缘转换"是套索工具组共有的选项，而磁性套索工具还有特有的"磁性套索工具"选项栏，如图 2-8 所示，可以根据图片样式选择宽度、对比度，在边缘精确定义的图像上，可以使用更大的宽度和更高的对比度，然后大致地跟踪边缘；在边缘较柔和的图像上，尝试使用较小的宽度和较低的对比度，然后更精确地跟踪边缘。

宽度：10 像素　　对比度：10%　　频率：57　　⊙　　选择并遮住...

图 2-8　"磁性套索工具"选项栏

选择并遮住 选择并遮住...：在 Photoshop 中，打开此对话框可以对所选区域进行更细致的调节。如进行半径、平滑、对比度、羽化等设置，如图 2-9 所示，具体设置操作方法我们将在 2.2.2 节中讲到。

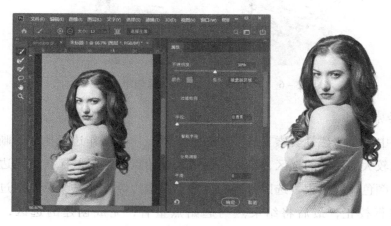

图 2-9　"调整边缘"中的设置项

操作技巧：

（1）使用"多边形套索工具"或"磁性套索工具"绘制选区时，按键盘 Delete 键或者 Backspace 键可以逐步撤销绘制的转折点。

（2）相比较而言，"磁性套索工具"创建选区会比使用另外两个工具创建的选区更为精确。

（3）如果创建选区结束后发现选区内有多选或漏选的选区，可以利用选区工具对应的选项栏上的"选区运算"中的加减法来进行修正。

2.1.3　魔棒工具组

在 Photoshop 中，选择图像背景或者选择背景中的图像，在颜色差别较大的时候，可以使用魔棒工具组的工具进行选区的快速选择，会有更好的效果。

1. 魔棒工具

"魔棒工具" ◢是用来选择图像中颜色相同或者相似的不规则区域的。一般在图像颜色与背景颜色差异较大时使用，如图 2 - 10 所示。

图 2 - 10   "魔棒工具" 选出蓝天选区

选择 "魔棒工具" 后，对应的选项栏中各项参数设置如下：

（1）容差：在选取颜色时所设置的选取范围。容差越大，选取的范围也越大，其数值为 0 ~ 255。例如，容差是 0 的时候，如果选择是纯蓝色，那么魔棒只能选中百分之百的蓝色；如果容差是 20，那么就可以选中稍微淡蓝和深蓝，当容差很大很大的时候，那么魔棒就会把所有的颜色都选中了。

（2）连续：点选 "只对连续取样" ◳，只选择与色彩相近的连续区域，不勾选连续，则可选所有色彩相近的所有区域。

（3）从复合图像中进行颜色取样：点选 "从复合图像中进行颜色取样" ◪就可以在一个图层上识别所有图层的颜色区域；不点选，那就只识别所选图层的色彩区域。

2. 快速选择工具

"快速选择工具" ◢，是通过多次单击或者拖动鼠标来选择相应的内容，与魔棒工具相比，选择更加的精确。

操作技巧：

（1）使用 "魔棒" 或 "快速选择" 工具绘制选区时，同样可以使用 "选区运算" 中的加减选区。

（2）使用 "魔棒" "快速选择" 工具配合选框工具、套索工具等，会使用户创建和选择选区更加的方便。

（3）Photoshop CC 2019 在"魔棒"工具组中新增了"选择主体" `选择主体` ，可以直接对图层中最突出的对象创建选区，使创建选区更加的方便。

2.2　选择菜单

在 Photoshop 中，我们除了利用选区工具组来建立选区外，还可以利用"选择"菜单中的相应命令来创建、修改选区。

2.2.1　色彩范围

"色彩范围"命令就是根据取样的颜色，可以更加准确且快速地选择色彩范围，同时还可以对选择的色彩范围进行任意调整。使用"色彩范围"选择选区的方法如下：

（1）打开要进行颜色选择的图像，执行"选择→色彩范围"命令，打开"色彩范围"对话框。

（2）在"选择"中选取"取样颜色"工具。

（3）选择显示选项。其中"选择范围（E）"指的是在建立选区时只预览选区，"图像（M）"指的是预览整个图像。"图像（M）"这种方式更便于颜色取样，"选择范围（E）"这种方式更便于观察选择区域。

（4）将指针放在图像或预览区上，然后单击，对要包含的颜色进行取样。

（5）使用"颜色容差"滑块或输入一个数值来调整颜色范围。

（6）调整选区。要添加颜色，可选择加色吸管工具，并在预览区域或图像中单击；若要移去颜色，选择减色吸管工具，并在预览或图像区域中单击。如果要临时启动加色吸管工具，可按住"Shift"键。要启动减色吸管工具，可按住"Alt"键。

（7）在"选区预览"中，可以为选区选择一种预览的方式。

（8）调整好选择范围后，单击"确定"按钮。

注意：本地化颜色簇：如果在图像中选择多个颜色范围，可以通过勾选"本地化颜色簇"复选框来构建更加精确的选区。如果勾选"本地化颜色簇"复选框，可以使用"范围"滑块来控制要包含在蒙版中的颜色与取样点的最大和最小距离。例如，图像在前景和背景中都包含一束白色的花，但只想选择前景中的花。对前景中的花进行颜色取样，并缩小范围，以避免选中背景中有相似颜色的花。案例应用如图 2 - 11 与图 2 - 12 所示。

图 2 – 11　色彩范围选中花瓣区域选区

图 2 – 12　色彩范围选中本地化颜色簇

2.2.2　调整边缘

Photoshop 可以利用选区范围的"选择并遮住" 选择并遮住... 将背景去除掉，这个"选择并遮住"功能，除了可快速地完成去背景外，还可以修正白边以及边缘平滑化，可以用这个功能进行精细化抠图。

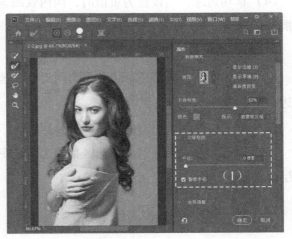

图 2 – 13　选区工具进行选区选择　　图 2 – 14　运用调整边缘工具进行选区细化

 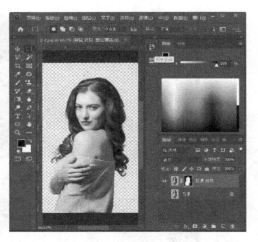

图 2 - 15　选区工具进行选区选择　　　　图 2 - 16　运用调整边缘工具进行选区细化

1. 边缘检测

（1）半径：边缘调整的选区的大小。对边缘明显的图像用较小的半径；对较边缘柔和的图像使用较大的半径。

（2）智能半径：允许选区边缘出现宽度可变的调整区域。

2. 全局调整

（1）平滑：减少选区边界中的不规则区域以创建较平滑的轮廓。

（2）羽化：模糊选区与周围的像素之间的过渡效果。

（3）对比度：锐化选区边缘并消除模糊的不协调感。

（4）移动边缘：当设置为负值时，向内收缩选区边界；当设置为正值时，可以向外扩展选区边界。

3. 输出设置

（1）净化颜色：将彩色杂边替换为附近完全选中的像素颜色。颜色替换的强度与选区边缘的羽化程度是成正比的。

（2）数量：更改净化彩色杂边的替换程度。

（3）输出到：决定调整后的选区是变为当前图层上的选区或蒙版，还是生成一个新图层或文档。

2.2.3　修改

Photoshop 菜单栏中"选择"中的"修改工具"包括：边界、平滑、扩展、收缩、羽化五个命令选项。

边界：此命令是针对图形图像选区的轮廓进行单独选择的一个命令，用于强化或编辑图像边缘，如图 2－17 所示。

图 2－17　将选区修改为边界命令

平滑：此命令是针对选区设定后进行平滑、用于绘制选区时常会用到的命令，如图 2－18 所示。

图 2－18　将选区修改为平滑命令

扩展/收缩：用于扩大或缩小选区，用于精确化选区。

羽化：将选区进行羽化命令后将起到渐变的作用，从而达到自然衔接的效果。

2.2.4　扩大选取与选取相似

扩大选取：在原有的选区上再扩大，扩大到相邻和颜色相近的区域。

选取相似：不限于相邻，只要颜色相近即选中。

2.2.5 其他选择修改命令

表 2 - 1　其他选择修改命令

序号	命令名	所在位置	快捷键
1	全选	"选择/取消选择"命令	Ctrl + A
2	取消	"选择/取消选择"命令	Ctrl + D
3	重选	"选择/重新选择"命令	Ctrl + Shift + D
4	反选	"选择/反选"命令	Ctrl + Shift + I
5	隐藏/显示	"视图/显示/选区边缘"命令	Ctrl + H

2.3 路径工具

2.3.1 路径概述

在 Photoshop 中，路径是由一个或多个线段或曲线组成的，可以是闭合的，也可以是开放的。路径上的点，用来标记路径上线段或曲线的端点，称之锚点。通过调整锚点的位置和形态，可以方便地改变路径的形状，如图 2 - 19、图 2 - 20 所示。

图 2 - 19　直线路径

图 2 - 20　曲线路径

在曲线组成路径中的锚点，叫做平滑型锚点。平滑型锚点的两侧有两条属于同一条线上的控制线，叫做控制杆。两条控制杆是相互关联的，拖动其中一条控制杆，另一条也会随之变化。在线段组成的路径中的锚点，叫做折角型锚点。折角型锚点若直接拖动即可对线段形状造成改变，如图 2 - 21 所示。

操作技巧：

路径是一种矢量绘图工具，是图形绘制时的轨迹，可以对路径进行颜色填充和描边等操作，可以将其转换为选区，方便进行图像选区的操作。

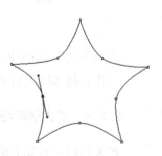

图 2 - 21　锚点和控制杆

2.3.2　路径的创建

在 Photoshop 中，创建路径的方法有很多种，包括"钢笔工具""自由钢笔工具""弯度钢笔工具"和各种形状工具，如图 2 – 22 所示。

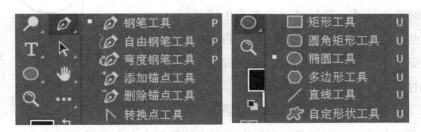

图 2 – 22　创建路径的钢笔工具组和形状工具组

在 Photoshop 中，"钢笔工具"用于绘制直线和曲线路线路径，工具选项栏如图 2 – 23 所示。

图 2 – 23　钢笔工具的选项栏

创建路径的工具从选项栏中可以看出有以下几种：

（1）钢笔工具 ◯ 钢笔工具　P ：绘图工具，其优点是可以勾画平滑的曲线，在缩放或者变形之后仍能保持平滑效果。钢笔工具可以绘制直线与曲线路径。

①绘制直线路径：选择钢笔工具，在图像上单击鼠标，绘制起点，接着用鼠标单击下一点，两点间就会连成一条直线，当终点和起点重合时，鼠标右下方便会出现一圆圈，表示封闭路径。绘制直线路径的过程，如图 2 – 24 所示；

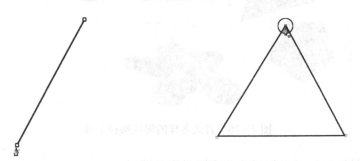

图 2 – 24　创建直线路径

②绘制曲线路径：选择钢笔工具，将鼠标放在曲线开始的位置，单击鼠标按钮并拖拉，第一个锚点会出现，将鼠标置于第二个锚点的位置单击，并沿需要的曲线方向拖

移，拖移时，笔尖会导出两个方向的把手，两个方向把手的长度和斜率决定曲线段的形状，如图 2-25 所示。

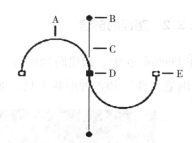

（2）自由钢笔工具 ＊◢ 自由钢笔工具 Ｐ ：按住鼠标左键随意拖动，鼠标经过的地方生成路径和锚点，其中当选中"磁性"后，自由钢笔工具变为磁性钢笔工具，可自动跟踪图像中物体的边缘自动形成路径。

A：曲线　　　　B：方向控制点　　　C：方向控制柄
D：用来转换成曲线的节点　　　E：路径的节点

图 2-25　创建曲线路径

（3）弯度钢笔工具 ＊◎ 弯度钢笔工具 Ｐ ：Photoshop 新增的曲线绘制工具，鼠标在画布中绘制三个点会形成曲线，在一个点上双击可转为尖角，而尖角再双击可变为圆角，用弯度钢笔绘制的点也可以在曲线上通过拖动来改变曲线的曲率。

（4）形状路径工具：Photoshop 为了为设计人员提供更方便的操作，在形状路径工具中提供了数种常用的几何对象外形供设计人员选择，设计人员可以通过形状路径工具选项栏中的形状种类选择选项中单击指定所需要的形状路径，图 2-26 为几种形状路径的基本几何外形范例图。

图 2-26　各式各样的形状路径工具

在路径工具选项栏可以创建两种不同类型的路径：

①形状图层：在路径工具栏选择下拉菜单中的"形状"，并选择填充颜色，则可以创建出所选择填充颜色的图形，并在图层面板下自动新建一个图层，如图 2-27 所示；

图 2 - 27　形状图层路径

②路径：在路径工具栏选择下拉菜单中的"路径"，可以在窗口中创建普通的一个工作路径，无颜色填充项，在路径面板下可以对其进行操作，而图层面板不发生变化，如图 2 - 28 所示。

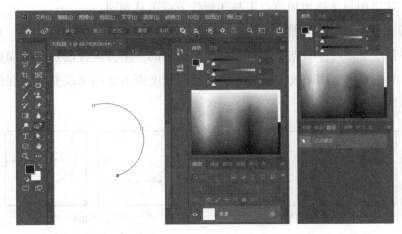

图 2 - 28　创建普通工作路径

操作技巧：

使用形状路径工具组的自定义形状工具时，在工具栏选择"形状"可以获得更多实用的形状路径，如图 2 - 29 所示。

图 2 - 29　自定义形状工具

2.3.3　路径的修改

在 Photoshop 中，对已创建的路径进行修改，一般会使用添加锚点工具

添加锚点工具 和删除锚点工具 删除锚点工具 、转换点工具 转换点工具 、路径选择工具 路径选择工具 A 和直接选择工具 直接选择工具 A 。

（1）添加锚点工具：选择添加锚点工具后，将鼠标放在已画好的工作路径上，这时鼠标变成增加锚点工具，单击鼠标，即可在工作路径上增加锚点。

（2）删除锚点工具：选择删除锚点工具后，将鼠标放在工作路径的锚点上，这时鼠标变成删除锚点工具，单击鼠标，即可在工作路径上删除此锚点。

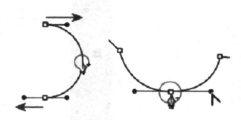

图 2 - 31　添加和删除锚点

操作技巧：

在选择钢笔工具的同时，点选选项栏中的 "当位于路径上时自动添加或删除锚点" 选项，其作用与选择增加节点工具和删除节点工具相同。

（3）转换点工具 转换点工具 ：可以将曲线路径节点转换成曲线点，利用鼠标单击并拖拉将会产生方向控制点，此时可以改变其中的一个方向控制点，从而达到改变路径形状的目的。它主要用来改变路径上节点的曲线度而不能用来改变节点在该路径上的位置，如图 3 - 31 所示。

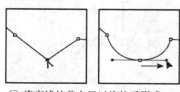

① 将直线的节点经过拖拉后形成
　一个曲线的形状。

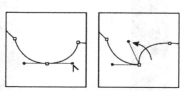

② 将已经变成的曲线一次改变一
　个方向控制点来改变其中的一
　个弧 度的大小。

图 2 - 31　转化点工具

（4）路径选择工具 路径选择工具 A ：用来选择一个或几个路径并对其进行移动、组合、复制等操作。

（5）直接选择工具 直接选择工具 A ：用来移动路径中的节和线段，也可以调整方向线和方向点。

2.3.4 路径的调整及路径选区的转换

路径面板是对路径进行管理和操作的面板，如图2-32所示。

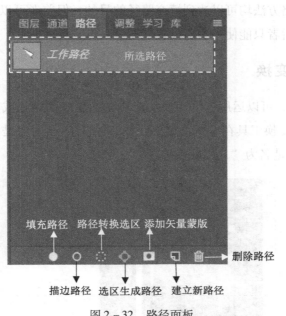

图2-32　路径面板

（1）选择或取消路径：单击路径面板中的路径名，即可选则路径，一次只能选择一个路径；要取消选中的路径，在路径面板的空白区域中单击，即可隐藏选中的路径。

（2）删除路径：如果要删除某一路径层，在路面板中选中要删除路径层，单击路径面板下面的删除按钮或选中面板弹出菜单中的"删除路径"命令。如果要删除路径层中的某一路径，用路径选择工具选中要删除的路径，然后按键盘上的Delete键即可。

（3）建立新路径：选择相应的路径工具（如钢笔），并在选项栏中选中创建工作路径，单击路径面板上建立新路径按钮，在需要建立路径的图像上勾出路径。

（4）添加矢量蒙版：可以利用"添加矢量蒙版"功能将路径以外的区域变为透明。

（5）选区生成工作路径：可以将选区转换为路径，选择需要转换为路径的选区，单击路径面板中的"建立工作路径"按钮，即可将选区转化为路径。

（6）将路径转换成选区：路径工具有一个功能便可以将路径转换成选区，因此可以通过路径工具制作出许多复杂选区，完成路径绘制后，可以在路径面板选择"建立选区"按钮，或者选择绘制路径按住Ctrl+Enter键即可。

（7）填充路径：填充路径方法有两种，第一种是在需要填充路径的图像上进行路径绘制，在路径面板中选中要填充的路径，单击鼠标右键在路径面板菜单中选取"填充路径"命令，弹出填充路径对话框，设置好填充的类型进行填充即可。第二种是在需要填充路径的图像上进行路径绘制，在路径面板中选中要填充的路径，并设置好当前的前景色，在路径面板下侧点击"填充路径"按钮。

注意：以上两路方法均可以达到填充路径的目的，但前者可以选择填充路径时选择图案、颜色等，而后者只能使用当前设置好的前景色。

2.4 自由变换

在 Photoshop 中，可以运用自由变换功能对已创建好的路径或者选区进行修改和调整，Photoshop 自由变换工具在编辑菜单下（图 2 – 33），当对象是图层时名为"自由变换"，当对象是路径是名为"自由变换路径"。

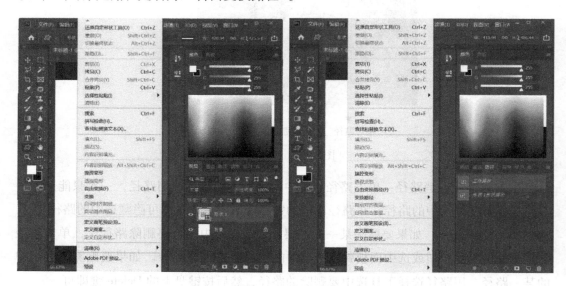

图 2 – 33 自由变换

Photoshop 自由变换工具的快捷键是 Ctrl + T，常用功能键为 Ctrl，Shift 和 Alt，其中 Ctrl 键控制自由变化；Shift 键控制方向、角度和等比例放大缩小；Alt 键控制中心对称。

1. 三键均不按下

（1）鼠标左键按住变形框角点：等比例放大或缩小（可反向拖动，形成翻转图形）。

（2）鼠标左键按住变形框边点：等比例放大或缩小（可反向拖动，形成翻转图形）。

（3）鼠标左键在变形框外拖动：自由旋转角度，可以精确至 0.01 度（可直接在选项栏中定义精确度）。

2. 按住 Ctrl 拖动

（1）鼠标左键按住变形框角点：对角为直角的自由四边形。

（2）鼠标左键按住变形框边点：对边不变的自由平行四边形。

（3）Ctrl 对角度无影响；但按住 Ctrl 在某角点拖动至侧对边外时，会出现扭曲。

3. 按住 Shift 拖动

（1）鼠标左键按住变形框角点：对角不变的自由矩形（可反向拖动，形成翻转图形）。

（2）鼠标左键按住变形框边点：对边不变的等高或等宽的自由矩形。

（3）鼠标左键按住在变形框外拖动：以 15° 为基数增量旋转角度。

4. 按住 Alt 拖动

（1）鼠标左键按住变形框角点：中心对称的等比例放大或缩小（可反向拖动，形成翻转图形）。

（2）鼠标左键按住变形框边点：中心对称的等比例放大或缩小（可反向拖动，形成翻转图形）。

（3）Alt 对角度无影响。

5. 按住 Ctrl + Shift 拖动

（1）鼠标左键按住变形框角点：对角为直角的直角梯形。

（2）鼠标左键按住变形框边点：对边不变的等高或等宽的自由平行四边形。

6. 按住 Ctrl + Alt 拖动

（1）鼠标左键按住变形框角点：相邻两角位置不变的中心对称自由平行四边形。

（2）鼠标左键按住变形框边点：相邻两边位置不变的中心对称自由平行四边形。

7. 按住 Shift + Alt 拖动

（1）鼠标左键按住变形框角点：中心对称自由矩形。

（2）鼠标左键按住变形框边点：中心对称的等高或等宽自由矩形。

8. 按住 Ctrl + Shift + Alt 拖动

（1）鼠标左键按住变形框角点：等腰梯形或等腰三角形。

（2）鼠标左键按住变形框边点：中心对称的等高或等宽自由平行四边形。

2.5 案例分析

2.5.1 人像背景分离

在图片修饰中，我们经常需要将人像与背景分离，在本张素材图片中我们将人物提取出来。我们主要使用"选择并遮住"工具进行人像背景分离。

图 2 - 34　原图

（1）打开素材原图，按 Ctrl + J 复制一个图层，这幅图背景色比较驳杂，并且模特有不少发丝暴漏在背景下，所以我们可以先选用快速选择工具，进行背景粗略的选择，如图 2 - 35 所示。

图 2 - 35　运用快速选择工具进行选区选择

（2）按 Ctrl + Shift + I 进行反向选择，在"工具栏"中选择"选择并遮住" 选择并遮住... ，选择"调整边缘画笔工具" ，对发丝边缘顺着箭头方向进行涂抹，如图 2 - 36 所示。

图 2 - 36　运用调整边缘画笔工具进行选区选择

（3）勾选"智能半径"、平滑为"1"，点选"净化颜色"输出到"新建带有图层蒙版的图层"，如图 2-37 所示。

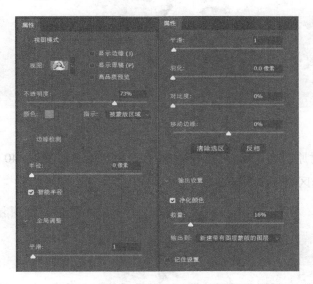

图 2-37 调整边缘画笔工具设置

（4）在输出的蒙版图层下新建图层，填充背景色蓝色（# 2c7dab）即可看到，模特的发丝就可以较为完整地抠出，如图 2-38 所示。

图 2-38 最终效果

2.5.2 选区的内容识别

在图片修饰中，我们经常要把多余的物体移除，以突出人物主体。在本张素材图片中我们想去除框中的水印部分，如图 2-39 所示。我们主要使用"内容识别工具组"进行水印去除。

图 2 – 39 原图需去水印部分

（1）打开素材原图，选出要移除对象的右上角对象，如图 2 – 40 所示。用矩形选框工具进行框选，选区需要稍大于要移除的区域。

图 2 – 40 选区选择

（2）按 Shift + F5 快捷键，打开"填充"选项，选择"内容识别"选项。点选它，按"确定"。发现左上角的文字图案字消失了，而且消失的地方与背景智能型融合，就好像从来没有存在过一样，如图 2 – 41 所示。

图 2 – 41 运用内容识别去除水印

（3）用矩形选框工具进行框选图片中的阴影部分进行框选，注意框选的时候必须合适，不能超过阴影位置，"图像→调整→曲线"（快捷键 Ctrl + M）进行曲线调整，将阴影部分调整得与背景明暗相同，如图 2 – 42 所示。

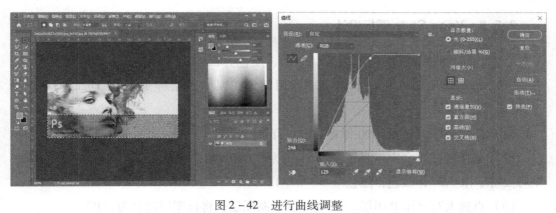

图 2 - 42　进行曲线调整

（4）运用修补工具对图上的文字进行选择与修补，修补工具工具栏选择"内容识别"，注意选择选区必须要小，在拖动时注意图层纹路的走向，图 2 - 43 为框选的顺序及拖动的方向。

图 2 - 43　修补工具修复区域顺序及内容识别拖动方向

（5）由于在拖动过程中出现了纹路损失的情况，因此在纹路损失的地方运用"内容感知和移动工具" 或者"修复画笔工具" 对纹路进行增补。最终效果如图 2 - 44 所示。

图 2 - 44　成品效果

2.5.3 Yoga Style 图标设计

Yoga Style 图标作品在造型简洁、饱满、配色方面多用同色系或用近似色做渐变，有很突出的光影明暗变化，本例通过运用钢笔工具、图层样式完成 Yoga Style 图标设计。

（1）新建一个 1000×1000 像素、白色背景的文件。

（2）选择"横排文字工具" **T**，字体为"Berlin Sans FB Demi"，字体大小为 150，填写大写字体"P"，颜色：黑色（#737373）。

（3）点选大写字体 P 图层，按 Ctrl+J 复制图层，将该图层命名为"P"。

（4）运用路径工具"弯度钢笔工具"在 P 上面绘制曲线图像如图 2-45 所示。

图 2-45　路径绘制图示

（5）将路径转换成为选区，在图层 P 上进行图层复制，图层显示如图 2-46 所示。

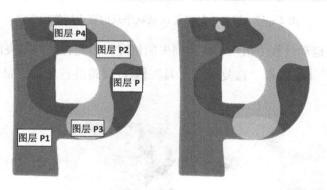

图 2-46　图层图示

（6）在图层 P 上进行图层效果设置如图 2-47、图 2-48 所示。

①渐变叠加：混合模式：正常，不透明度：100%，渐变颜色：（#b72a5a，#f593b4），样式：线性，角度：66，缩放：100%；

②内阴影 1：混合模式：柔光，颜色：白色（#ffffff），不透明度：24%，角度：-

165°，距离：3，阻塞：100%，大小：0，杂色：0%；

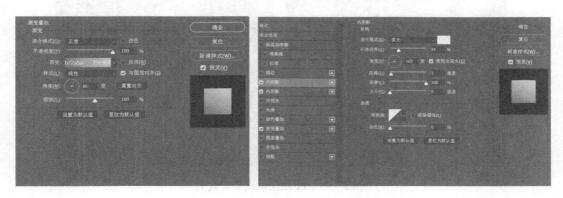

图 2–47　P 图层的图层样式 1

③内阴影 2：混合模式：柔光，颜色：白色（#ffffff），不透明度：24%，角度：–165°，距离：3，阻塞：100%，大小：4，杂色：0%。

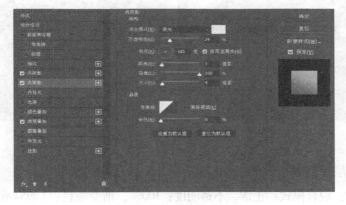

图 2–48　P 图层的图层样式 2

（7）在图层 P1 上进行图层效果设置如图 2–49、图 2–50 所示。

①渐变叠加：混合模式：正常，不透明度：100%，渐变颜色：（#ef98b5（位置 51），#9d1744），样式：线性，角度：–168，缩放 104%；

②内阴影 1：混合模式：柔光，颜色：白色（#ffffff），不透明度：24%，角度：–165°，距离：3，阻塞：100%，大小：0，杂色：0%；

③内阴影 2：混合模式：柔光，颜色：白色（#ffffff），不透明度：50%，角度：–165°，距离：2，阻塞：100%，大小：1，杂色：0%；

④内发光：混合模式：滤色，颜色：白色（#ffffff），方法：柔和，源：边缘，不透明度：35%，大小：3，阻塞：0%，范围：50%，抖动：0%。

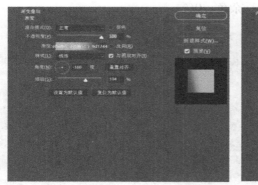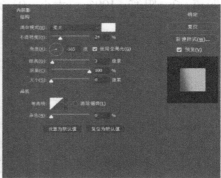

图 2 - 49　P1 图层的图层样式 1

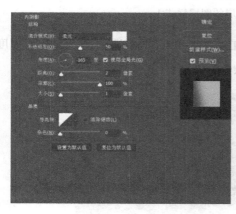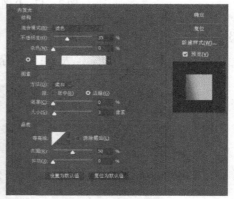

图 2 - 50　P1 图层的图层样式 2

（8）在图层 P2 上进行图层效果设置如图 2 - 51、图 2 - 52 所示。

①渐变叠加：混合模式：正常，不透明度：100%，渐变颜色：（#954963，#e42e6b），样式：线性，角度：66，缩放：100%；

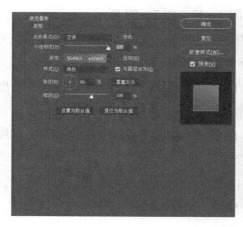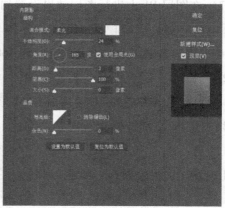

图 2 - 51　P2 图层的图层样式 1

②内阴影1：混合模式：柔光，颜色：白色（#ffffff），不透明度：24%，角度：-165°，距离：3，阻塞：100%，大小：0，杂色：0%；

③内阴影2：混合模式：柔光，颜色：白色（#ffffff），不透明度：50%，角度：-165°，距离：2，阻塞：100%，大小：1，杂色：0%；

④内发光：混合模式：滤色，颜色：白色（#ffffff），不透明度35%，方法：柔和，源：边缘，阻塞：0%，大小：3，范围：50%，抖动：0%。

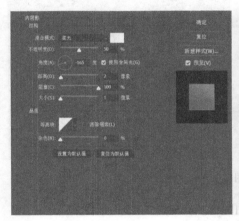 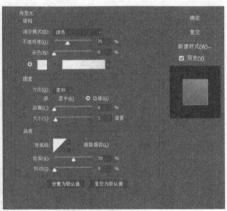

图2-52　P2图层的图层样式2

（9）在图层P3上进行图层设置效果如图2-53、2-54所示。

①渐变叠加：混合模式：正常，不透明度：100%，渐变颜色：（#c83768，#e37d9f），样式：线性，角度：66，缩放：100%；

②投影：混合模式：正片叠底，颜色：黑色（#000000），不透明度：35%，角度：-165°，距离：1，扩展：0，大小：3，杂色：0，勾选图层挖空投影；

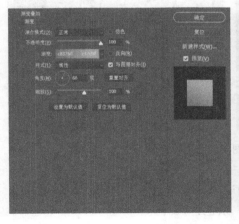 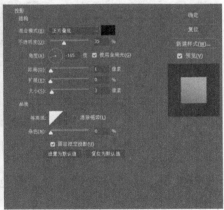

图2-53　P3图层的图层样式1

③内阴影 1：混合模式：柔光，颜色：白色（#ffffff），不透明度：24%，角度：－165°，距离：3，阻塞：100%，大小：0，杂色：0%；

④内阴影 2：混合模式：柔光，颜色：白色（#ffffff），不透明度：50%，角度：－165°，距离：2，阻塞：100%，大小：1，杂色：0%。

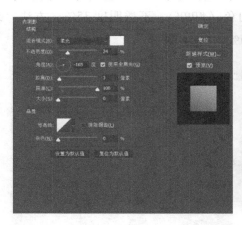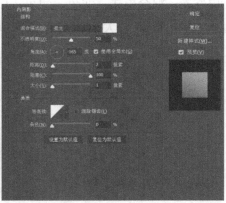

图 2－54　P3 图层的图层样式 2

（10）在图层 P4 上进行图层效果设置如图 2－55、图 2－56 所示。

①渐变叠加：混合模式：正常，不透明度：100%，渐变颜色：（#9d1744，#d8326a），样式：线性，角度：66，缩放：100%；

②投影：混合模式：正片叠底，颜色：黑色（#000000），不透明度：35%，角度：－165°，距离：2，扩展：23，大小：3，杂色：0%，勾选图层挖空投影；

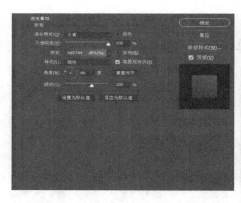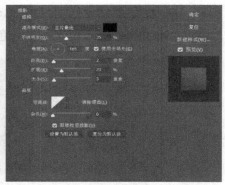

图 2－55　P4 图层的图层样式 1

③内阴影 1：混合模式：柔光，颜色：白色（#ffffff），不透明度：24%，角度：－165°，距离：3，阻塞：100%，大小：0，杂色：0%；

④内阴影 2：混合模式：柔光，颜色：白色（#ffffff），不透明度：50%，角度：

-165°，距离：2，阻塞：100%，大小1，杂色：0%。

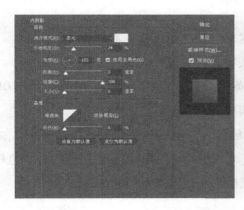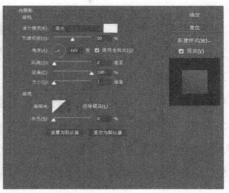

图2-56　P4图层的图层样式2

（11）完成效果如图2-57所示。

2.6　实战案例

2.6.1　熟练使用路径工具

本例运用路径工具，绘制一个小图标。

（1）新建500×500像素的画布。

（2）用路径工具绘制图像。

（3）利用渐变工具进行渐变填充。

图2-57　完成效果

（4）滤镜→杂色→添加杂色。

（5）外部的圆形做内阴影，混合模式：正片叠底，颜色：（#181717），距离：5，大小：38，完成制作，如图2-58所示。

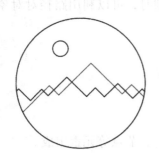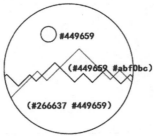

图2-58　利用路径工具绘制小图标

2.6.2　绘制双重曝光海报

（1）打开素材"第二章 – 素材 – 人物素材"和"第二章 – 素材 – 风景素材"。

（2）用魔棒工具对"第二章 – 素材 – 人物素材"进行抠图。

（3）新建海报：18×24 英寸（300 像素/英寸），填充背景颜色（# d67d63，# eab0b4）。

（4）将抠出的"第二章 – 素材 – 人物素材"放置在海报下中部。

（5）将"第二章 – 素材 – 风景素材"放置入"第二章 – 素材 – 人物素材"之上，选择人物素材选区，对风景素材进行裁剪（或者使用剪切蒙版），图层样式为"色相"。

（6）绘制长方形与圆形，写入字体，完成制作，如图 2 – 59 所示。

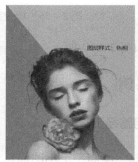

图 2 – 59　双重曝光海报

2.7　小结

本章节通过学习如何用基本的工具及选择菜单进行选区的建立。选区的精确程度与选区形状、选取对象及色差有很大的关系。在使用的时候需要注意对不同的选取对象可以通过不同的方法进行选区的建立以及修改。同时需要注意路径与选区可以相互转换，对于当前景与背景颜色相近或需要选择的区域形状不规则时，可以利用路径对对象进行选择。

2.8　习题

一、填空题

1. 路径主要由锚点、_____、_____、_____、节点等元素组成。

2. 在有选区的情况下，编辑效果将应用于选取中的_____，而未被选定的区域将_____。

3. 在工具箱中选择选框工具，在图像中按住鼠标_____。

4. 羽化的数值在_____之间。

二、选择题

1. 套索工具也是一种常用的选择工具，多用于创建不规则的图像区域，其子选取不包括（　　　）。

    A. 套索工具   B. 矩形套索工具   C. 多边套索工具   D. 磁性套索工具

2. 钢笔工具可创建和编辑矢量图形，它是最基本的，其中不包括（　　　）。

    A. 钢笔工具   B. 自由钢笔工具   C. 转换点工具   D. 磁性套索工具

3. 要结束开放路径，需要按住（　　　）键在路径外点击即可。

    A. Alt   B. Ctrl   C. Shift   D. Esc

4. 在磁性套索工具栏中增加了宽度、（　　　）、（　　　）、（　　　）几个选项。

    A. 对比度   B. 频率   C. 钢笔压力   D. 宽度

5. 使用矩形工具可在图像中快速绘制直线、矩形、圆角矩形等，其形状工具不包括（　　　）。

    A. 矩形工具   B. 多边形工具   C. 直线工具   D. 三角形工具

三、判断题

1. 选框工具是一种常用的工具，用于创建规则选区，该工具的子选项有5个。（　　　）

2. 矢量图和位图的最大区别在于：基于矢量图的软件、主要是图片后期处理。（　　　）

3. 路径选择工具是白色图标，直接选择工具是黑色。（　　　）

4. 按住 Enter 键结束开放路径。（　　　）

5. 双击鼠标，闭合包含磁性段的路径。（　　　）

四、简答题

1. 什么是路径？

2. 用于整体选择一个或几个路径的操作有哪些？

3. 在使用钢笔工具时，怎么样自动添加或删除锚点？

4. 打开路径调板，里面列出了当前工作路径图标名称，依次是哪些？

5. 路径工具和选框工具哪个在选择图片时更为方便，请分别作答。

第 3 章　Photoshop 的绘图

习目标

掌握画笔、历史记录画笔、填充工具、仿制图章、修复画笔的使用
理解选择绘图颜色的多种方法
加强对画笔的设置以及对不同画笔的灵活使用
加强对于不同绘图工具的选择、绘制、编辑以及使用

3.1　绘图工具

Photoshop 的一个重要的功能就是利用工具进行绘图，只要可以熟练地掌握了这些工具并且有一定的美术造型能力，就能达到和画笔绘画相同的效果。常用来绘图的工具包括"画笔工具" 、"铅笔工具" 、"颜色替换工具" 和"混合器画笔工具" 。

3.1.1　画笔工具

"画笔工具" 是以毛笔的风格进行绘画的工具，同时也可以修改蒙版和通道。"画笔工具"一般使用前景色进行绘画，也就是说画笔绘制出的图案颜色为前景色。在工具箱中选中"画笔工具"之后，就可以在工具选项栏中选定画笔样本，并且对画笔的属性进行调整，比如画笔的大小、硬度和不透明度等。

1. 画笔笔尖预设

在工具箱中选择"画笔工具"之后，在画笔工具的工具选项栏中，单击 就会弹出一个"画笔预设"选取器，在该选取器中可以设置画笔的主直径及硬度大小，如图 3－1 所示。

在 Photoshop 的画笔预设选取器中，通过对"大小"的调整，可以调节画笔的笔尖大小，其中数值越大画笔的笔尖越粗；通过对"硬度"的调整，可以调节画笔边缘的柔和程度，其中画笔的硬度越小，画笔的边缘越柔和。在画笔的预设形状中可以选择三种不同类型的画笔：

（1）硬边画笔：这一类画笔绘制出的线条和图形边缘清晰，它的"硬度"默认

图 3 – 1　"画笔预设"选取器

为 100% 。

（2）软边画笔：这一类画笔绘制出的线条和图形边缘柔和而不清晰，"硬度"值为 0% ~ 100% 。

（3）不规则形状画笔：这一类画笔既可以绘制出 Photoshop 自带的各种形状的图形，也可以产生类似于喷发、喷射或者爆炸等各种效果。

2. 载入画笔和画笔的显示模式

在 Photoshop 中通过"画笔预设"选取器还可以载入其他画笔形状。方法是单击图 3 –1 的画笔预设菜单中按钮 的小三角，在弹出的快捷菜单中选择"导入画笔"，选中后在弹出的对话框中单击"载入"按钮。

用户可以对"画笔预设"的显示模式自行选择，显示模式包含有"画笔名称""画笔描边""画笔笔尖"等一些选项。

3. 画笔颜色混合模式

画笔颜色混合模式的功能的原理与图层混合模式基本相同，可以在"画笔工具"的工具选项栏中设置画笔的颜色混合模式，默认的模式为正常。在模式选项的右侧单击下拉按钮，在其下拉列表中选择颜色混合模式。

4. 调整画笔不透明度

根据绘制图形的需要，有时需要绘制出深浅不同的颜色。在画笔工具的工具选项栏中，设置画笔的"不透明度"的百分比数值就可以得到深浅不同的颜色。其中数值越小画笔颜色越透明。

5. 画笔的流量

画笔工具的工具选项栏中的"流量"选项，它主要控制绘图颜色的浓度，流量数值越大颜色越深。取值范围是 1~100。当流量的值达到 100% 的时候，颜色的参数就为调色板中所设置的参数。

6. 创建画笔

当 Photoshop 所提供的画笔笔尖形状无法满足实际需要时，可以创建新的画笔。创建新画笔有两种方法。

（1）根据预设画笔创建新画笔：

①在"画笔"调板中选择相应的画笔，并根据需要设置其选项；

②用鼠标左键单击画笔调板中的新建画笔按钮，系统将弹出"画笔名称"对话框；

③在"名称"中键入新画笔的名称；

④单击"确定"按钮，就可以创建一个新的画笔。

（2）创建特殊笔尖形状的画笔。如果需要创建的画笔笔尖形状比较特殊，无法通过上面的方法得到，那么可以通过如下的方法创建：

①新建一个图像，在图像窗口中绘制出新画笔需要的笔尖形状图案；

②在工具选择栏中，选中"矩形选框工具"，选中绘制好的笔尖形状图案；

③单击"编辑→定义画笔预设"命令，系统就会弹出"画笔名称"对话框；

④在"名称"文本框中输入新的画笔的名称；

⑤单击"确定"按钮，新的画笔笔尖形状就创建出来了。

3.1.2 铅笔工具

"铅笔工具"所绘制出的图形和平常使用的铅笔绘制的图形类似，是一些边缘清晰、棱角突出的线条。它的使用方法和"画笔工具"类似。

"铅笔工具"选中以后，它的工具选项栏和"画笔工具"基本相同。"铅笔工具"的工具选项栏中多了一个"在前景色上绘制背景色"的按钮，当我们选中这个复选框的时候，当画布的颜色为前景色的时候，可以涂抹为背景色。当画布颜色为背景色时，可以涂抹为前景色。

注意：

Photoshop CC 2019 对画笔工具进行了加强。在画笔预设菜单增加了两个新功能：

（1）平滑参数设置：Photoshop 现在可以对画笔描边执行智能平滑，只需在选项栏中输入平滑的值（0~100），值为 0 等同于 Photoshop 早期版本中的旧版平滑。应用的值越高，描边的智能平滑量就越大。在后面的平滑选项还有四个功能：

①拉绳模式：仅在绳线拉紧时绘画。在平滑半径之内移动光标不会留下任何标记；

②描边补齐：暂停描边时，允许绘画继续使用光标补齐描边；

③补齐描边末端：完成从上一绘画位置到松开鼠标或触笔控件所在点的描边；

④调整缩放：选中此选项时，可以通过调整平滑、防止抖动描边。在放大文档显示比例时减小平滑；在缩小文档显示比例时增加平滑。

（2）设置绘画的对称选项██：对称类型有垂直、水平、双轴、对角线、波形、圆形、螺线、平行线、径向、曼陀罗。使用此功能可以制作出很多创意的图形，对于完全对称的图形，对称模式允许定义一个或多个轴，并允许随后从圆形、径向、螺线和曼陀罗这些预设类型中进行选择并且轻松创建复杂的图案。

3.1.3 颜色替换工具

"颜色替换工具"可将图像中选定的像素颜色替换为其他颜色。"颜色替换工具"可以在选项栏中先设置笔画大小、模式、取样、限制以及容差数值，然后设置前景色为适合的颜色，在图像中涂抹即可更改该区域的颜色。

1. "颜色替换工具"工具选项栏详解

（1）模式 ██████：选择替换颜色的模式，包括"色相""饱和度""颜色"和"明度"。当选择"颜色"时，可以同时替换色相、饱和度和明度。

（2）取样 ████：用来设置颜色的取样方式。

①连续██：在拖拽光标时，可以对颜色进行取样；

②一次██：只替换包含第一次单击的颜色区域中的目标颜色；

③背景色板██：只替换包含当前背景色的区域。

（3）限制 ██████：当选择"不连续"选项时，可以替换出现在光标下任何位置的样本颜色；当选择"连续"选项时，只替换与光标下的颜色接近的颜色，当选择"查找边缘"选项时，可以替换包含样本颜色的连接区域，同时保留形状边缘的锐化程度。

（4）容差 ██████：设置"颜色替换工具的"容差度，该值越大，可替换的颜色范围就越大；容差值越小，可替换的颜色范围也就越小。

（5）消除锯齿██：可以消除颜色替换区域的锯齿效果，使图像变得平滑。

3.1.4 混合器画笔工具

混合器画笔工具是较为专业的绘画工具，通过属性栏的设置可以调节笔触的颜色、潮湿度、混合颜色等，可以模拟出较为真实的绘画效果。

1. "混合器画笔工具" 工具选项栏详解

（1）当前画笔载入 ■：用于对当前载入的画笔进行设置，包括"载入画笔""清理画笔"和"只载入纯色"3个选项。

（2）每次描边后载入画笔 ✔：可以在每次描边之后自动载入画笔。

（3）每次描边后清理画笔 ✘：可以在每次描边之后自动清理画笔。

（4）混合画笔组合 自定 ：预先设置好的混合画笔。当我们选择某一种混合画笔时，右边的四个选择数值会自动改变为预设值。

①潮湿：用于控制从画布中拾取的色彩，数值越高，相对应的湿度越大；

②载入：用于控制储槽中的色彩数量，数值越低，画笔描边干燥的速度越快；

③混合：用于控制在选择储槽中色彩数量的比例，数值越低，储槽中色彩数量所占比例越高；

④流量：用于对应用色彩的颜色流动速率进行控制。

（5）喷枪 ✐：如果启用了喷枪工具，在没有释放鼠标之前，混合器画笔会一直工作，反之不启用喷枪工具，那么鼠标单击一次就工作一次。

（6）设置描边平滑度 ☽ 14% ⚙：设置描边的平滑度，用来减少描边抖动。

（7）对所有图层取样 ▤：利用所有图层中拾取色彩。

3.1.5 Photoshop 画笔面板设置

Photoshop CC 2019 对于画笔进行了功能增强，使用者可以在画笔选择按钮 ▨ 下对画笔进行大小、硬度、笔尖的圆度和角度进行直接设置。当然也可以在画笔工具选项中点击"切换至画笔设置面板" ▧ ，进行画笔工具预设，如图3-2所示。

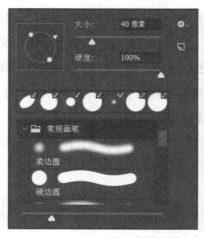

图3-2　画笔工具预设

1. 画笔笔尖形状设置

前面所使用的笔刷，可以看作是由许多圆点排列而成的。如果将间距设为100%，就可以看到头尾相接依次排列的各个圆点，如图3-3（a）所示。如果设为200%，就会看到圆点之间有明显的间隙，其间隙正好足够再放一个圆点，如图3-3（b）所示。由此可以看出，那个间距实际就是每两个圆点的圆心距离，间距越大圆点之间的距离也越大。

（a）间距为100%效果　　　　　　　　　（b）间距为200%效果

图3-3　间距设置效果

如果关闭间距选项，那么圆点分布的距离就以鼠标拖动的快慢为准，鼠标拖动慢的地方圆点较密集，快的地方则较稀疏，如图3-4所示。

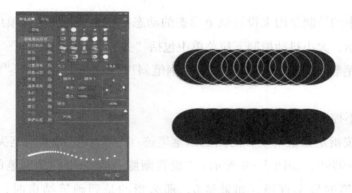

图3-4　关闭间距选项效果

除了可以输入数值改变以外，也可以在示意图中拉动两个控制点来改变圆度，在示意图中任意点击并拖动即可改变角度，如图3-5所示。

使用翻转X与翻转Y后，虽然设定中角度和圆度未变，但在实际绘制中会改变笔刷的形状，如图3-6所示。

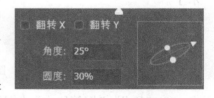

图3-5　在示意图中改变画笔圆度

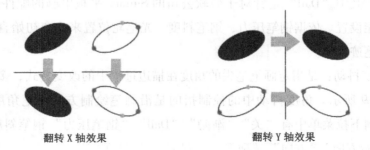

翻转X轴效果　　　　　　　　　翻转Y轴效果

图3-6　翻转X与翻转Y效果

2. 形状动态设置

"形状动态"主要用于调整笔尖形状变化，通过"形状动态"调整使笔尖形状产生规则的变化。"形状动态"设置主要包括大小抖动、最小直径、角度抖动、原点抖动以及翻转抖动。

（1）大小抖动：可以控制画笔笔尖与笔尖之间随机性的大小变化，此参数控制笔刷在绘制过程中尺寸上的波动幅度。其数值越大，则波动的幅度也越大。如图 3-7 所示。

图 3-7 大小抖动参数设置

大小抖动中的控制是用来设置画笔形态的动态控制。"控制"选项用来设置画笔笔迹如何大小抖动，大小抖动控制下拉菜单中包括"关""渐隐""Dail""钢笔压力""钢笔斜度""光笔轮"选项。其中当选择"钢笔斜度"选项时可激活"倾斜缩放比例"选项。

①关：指不控制画笔笔迹的变化。

②渐隐：按指定数量的步长的渐隐画笔笔迹（一个步长等于画笔尖的一个笔迹），该值范围为 1~9999，如图 3-8 所示。"设置渐隐步骤"指的是画笔的长度。"最小直径"表示画笔的最小直径，如果是 0，那么指的是到画笔结束时，画笔就没有显示了。

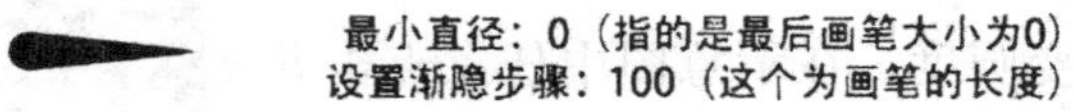

最小直径：0（指的是最后画笔大小为0）
设置渐隐步骤：100（这个为画笔的长度）

图 3-8 大小抖动渐隐设置

③"Dail""钢笔压力""钢笔斜度""光笔轮"是针对于压感笔模拟笔倾斜和用力强弱的效果，其中"Dail"是针对于微软公司的 Surface 平板电脑的配件 Surface Dial 工具的画笔功能设置。依据钢笔压力、钢笔斜度、光笔轮位置来改变初始直径和最小直径之间的画笔笔迹大小。

（2）角度抖动：是指定画笔笔尖的角度在描边过程中的改变方式，多用于不规则画笔。如图 3-9 所示。角度抖动中的控制指的是沿画笔绘制方向画笔角度的形态控制。角度抖动控制下拉菜单中有"关""渐隐""Dail""钢笔压力""钢笔斜度""光笔轮""旋转""初始方向""方向"选项。

角度抖动0%

角度抖动100%

图3-9　角度抖动设置

①关：指不控制画笔笔迹的变化。

②渐隐：按指定数量的步长进行角度抖动笔迹（一个步长等于画笔尖的一个笔迹），该值范围为1~9999，如图3-10所示。

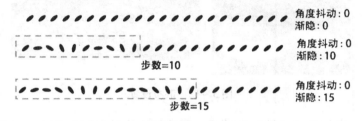

角度抖动：0
渐隐：0

角度抖动：0
渐隐：10

步数=10

角度抖动：0
渐隐：15

步数=15

图3-10　角度抖动中渐隐设置

③旋转：依据钢笔的旋转在0°~360°之间改变画笔笔尖的角度。

④初始方向：使画笔笔尖的角度基于画笔描边的初始方向。

⑤方向：使画笔笔尖的角度基于画笔描边的方向。

（3）圆度抖动：是指此参数控制笔刷在绘制过程中在圆度上的波动幅度。其数值越大，波动的幅度也越大。"最小圆度"指定当"圆度抖动"或圆度的"控制"启用时画笔笔尖的最小圆度。圆度抖动控制下拉菜单中有"关""渐隐""Dail""钢笔压力""钢笔斜度""光笔轮""旋转"选项。

①关：指不控制画笔笔迹的变化。

②渐隐：按指定数量的步长达到最小圆度（一个步长等于画笔尖的一个笔迹），该值范围为1~9999，如图3-11所示。

圆度抖动：0
渐隐：无

最小圆度：1%
渐隐：10

步长：10

图3-11　圆度抖动中渐隐设置

3. 散布设置

散布是用来设置画笔笔迹的分散程度，该值越大，画笔笔迹分散的范围越广，如图3-12所示。

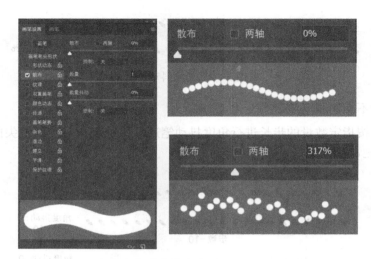

图 3 - 12　散布设置

（1）两轴：当勾选"两轴"选项后，画笔笔迹将以中间为基准，向两侧分散。

（2）控制：散布中的"控制"选项用来设置画笔笔迹如何散布变化，包括"关""渐隐""Dial""钢笔压力""钢笔斜度""光笔轮"和"旋转"选项。

（3）数量：用来指定在每个间距间隔应用的画笔笔迹数量。增加该值可重复笔迹。

（4）数量抖动：用来指定画笔笔迹的数量如何针对各种间距间隔而变化。"控制"选项用来设置画笔笔迹的数量如何变化，包括"关""渐隐""Dial""钢笔压力""钢笔斜度""光笔轮"和"旋转"选项。

4. 纹理设置

纹理设置是利用图案使描边看起来像是在带纹理的画布上绘制的一样，调整前景色可以改变纹理的颜色。单击"画笔"调板中的"纹理"选项，会显示相关的设置内容。

（1）设置纹理：单击图案缩览图右侧的倒三角形按钮，可以在打开的下拉调板中选择一个图案，将其设置为纹理。

（2）反相：勾选"反相"，可基于图案中的色调反转纹理中的亮点和暗点。

（3）缩放：用来缩放选择的图案。

（4）为每个笔尖设置纹理：用来决定绘画时是否单独渲染每个笔尖。如果不选择该项，将无法使用"深度抖动"这个选项。

（5）模式：在该选项下拉列表中可以选择图案与前景色之间的混合模式。

（6）深度：用来指定色彩渗入纹理中的深度。在该值为 0% 时，纹理中的所有点都接收相同数量的色彩，进而隐藏图案；当该值为 100% 时，纹理中的暗点不接收任何色彩。

最小深度：用来指定当"深度控制"设置为"渐隐""钢笔压力""钢笔斜度"或"光笔轮"，并且选中"为每个笔尖设置纹理"时色彩可渗入的最小深度。只有勾选"每个笔尖设置纹理"选项后，该选项才可以使用。

5. 深度抖动

用来设置纹理抖动的最大百分比。在"控制"选项中可以选择如何控制画笔笔迹的深度变化，包括"关""渐隐""Dial""钢笔压力""钢笔斜度""光笔轮"和"旋转"。只有勾选"为每个笔尖设置纹理"选项后，"深度抖动"选项才可以使用。

6. 双重画笔

双重画笔可以使用两个笔尖创建画笔笔迹。如果要使用双重画笔，首先应在"画笔笔尖形状"选项设置主要笔尖的选项，然后再从"双重画笔"部分中选择另一个画笔笔尖。单击"画笔"调板中的"双重画笔"选项，会显示相关的设置内容。

（1）模式：在该选项的下拉列表中可以选择两种笔尖在组合时的混合模式。

（2）大小：用来设置画笔笔尖的大小。当画笔笔尖形状是通过采集图像中的像素样本创建的时候，单击"恢复到原始大小"按钮 ，可将画笔恢复到原始直径。

（3）间距：用来控制描边中双笔尖画笔笔迹之间的距离。

（4）散布：用来指定描边中双笔尖画笔笔迹的分布方式。如果勾选"两轴"选项，双笔尖画笔笔迹按径向分布；取消勾选，双笔尖画笔笔迹垂直于描边路径分布。

（5）数量：用来指定在每个间距间隔应用的双笔尖画笔笔迹的数量。

7. 颜色动态

颜色动态可以改变画笔路线中颜色的变化方式。单击"画笔"调板中的"颜色动态"选项，会显示相关的设置内容。

（1）前景/背景抖动：用来指定前景色和背景色之间的色彩变化方式。该值越小，变化后的颜色越接近前景色；该值越大，变化后的颜色越接近背景色。在"控制"选项下拉列表中可以选择如何控制画笔笔迹的颜色变化，包括"关""渐隐""Dial""钢笔压力""钢笔斜度""光笔轮"和"旋转"。

（2）色相抖动：用来设置画笔笔迹颜色色相的变化范围。该值越小，变化后的颜色越接近前景色；该值越大，色相越丰富。

（3）饱和度抖动：用来设置画笔笔迹颜色饱和度的变化范围。该值越小，饱和度越接近前景色；该值越大，色彩的饱和度就越高。

（4）亮度抖动：用来设置画笔笔迹颜色亮度的变化范围。该值越小，亮度越接近前景色；该值越大，颜色的亮度值就越大。

（5）纯度：用来设置画笔笔迹颜色的纯度。如果该值为 - 100%，那么笔迹的颜色为无彩色，该值越大，颜色饱和度越高。

8. 传递

传递可以用来确定颜色在笔迹中的改变方式。单击"画笔"调板中的"传递"选项，会显示相关的设置内容。

（1）不透明度抖动：设置画笔笔迹颜色不透明度的变化方式，该值越小，变化后的颜色越接近前景色；该值越大，变化后的颜色越接近透明。在"控制"选项下拉列表中可以选择如何控制画笔笔迹的不透明度变化，包括"关""渐隐""Dial""钢笔压力""钢笔斜度""光笔轮"和"旋转"。

（2）流量抖动：设置画笔笔尖流量的随机变化值。在"控制"选项下拉列表中可以选择如何控制画笔笔尖的流量变化，包括"关""渐隐""Dial""钢笔压力""钢笔斜度""光笔轮"和"旋转"。

（3）湿度抖动：设置画笔笔尖湿度的随机变化值。在"控制"选项下拉列表中可以选择如何控制画笔笔尖的湿度变化，包括"关""渐隐""Dial""钢笔压力""钢笔斜度""光笔轮"和"旋转"。

（4）混合抖动：设置画笔笔尖混合的随机变化值。在"控制"选项下拉列表中可以选择如何控制画笔笔尖的混合抖动变化，包括"关""渐隐""Dial""钢笔压力""钢笔斜度""光笔轮"和"旋转"。

9. 画笔笔势

画笔笔势可用于调整毛刷画笔笔尖，侵蚀画笔笔尖的角度，可以调整出更多笔势变化的笔迹效果。

注意：Photoshop 的画笔笔势选项对于一般的画笔笔尖形状是不起作用的，所以我们要选中毛刷，侵蚀画笔笔尖。单击"画笔"调板中的"画笔笔势"选项，会显示相关的设置内容。

（1）倾斜 X：使画笔笔尖沿着 X 轴倾斜。

覆盖倾斜 X：勾选该选项后，覆盖光笔倾斜 X 的数据，当使用绘图板时光笔倾斜效果将以设置的为准。

（2）倾斜 Y：使画笔笔尖沿着 Y 轴倾斜。

覆盖倾斜 Y：勾选该选项后，覆盖光笔倾斜 Y 的数据，当使用绘图板时光笔倾斜效果将以设置的为准。

（3）旋转：可以设置画笔笔尖旋转效果。

覆盖旋转：勾选该选项后，覆盖光笔旋转的数据，当使用绘图板时光笔倾斜效果将以设置的为准。

（4）压力：压力值越大，绘制速度越快，线条效果越粗犷。

覆盖压力：勾选该选项后，覆盖光笔压力的数据，当使用绘图板时光笔倾斜效果将以设置的为准。

10. 其他选项

画笔调板中最下面的几个选项是"杂色""湿边""建立""平滑"和"保护纹理"。它们没有可供调整的数值，如果要启用某一选项，将其勾选即可。

（1）杂色：可以为个别的画笔增加额外的随机性。当应用于柔画笔笔迹（包含灰度值的画笔笔尖）时，此选项最有效。

（2）湿边：可以沿画笔描边的边缘增大色彩量，并创建水彩效果。

（3）建立：可以启用喷枪样式的效果。

（4）平滑：在画笔描边中生成更平滑的曲线。当使用压感笔进行快速描绘时，该选项最有效；但是它在描边渲染中可能会导致轻微的滞后。

（5）保护纹理：将相同图案和缩放比例应用于具有纹理的所有画笔预设。勾选该项后，在使用多个纹理画笔笔尖绘画时，可以模拟出一致的画布纹理。

3.2 历史画笔工具

在 Photoshop 中，提供了根据"历史记录"调板中记录的某种历史状态进行绘制的功能。其中"历史记录画笔工具"和"历史记录艺术画笔工具"都能实现这一功能。

3.2.1 历史记录画笔工具

如果我们要将图像恢复到"历史记录"调板中记录的某一历史状态，就可以使用"历史记录画笔工具"。"历史记录画笔工具"的性质与"仿制图章"工具相似，它们的区别是"历史记录画笔工具"能将图像恢复到"历史记录"调板中记录的任意历史状态，而"仿制图章"工具只能根据当前的状态进行绘制。

1. 历史记录画笔操作实例

（1）打开 Photoshop 中的"第三章 – 素材 1"。

（2）执行"图像→调整→去色"命令，将素材调整为黑白颜色。

（3）在工具箱中选择"历史记录画笔工具"。

（4）在工具选项栏中打开"画笔调板"，在调板中选择需要的画笔样式；设置所需的"不透明度"与"混合模式"。

（5）在窗口中拖动鼠标，鼠标拖动的范围就会出现被指定恢复的源状态。

使用历史记录画笔的效果如图 3 - 13 所示。

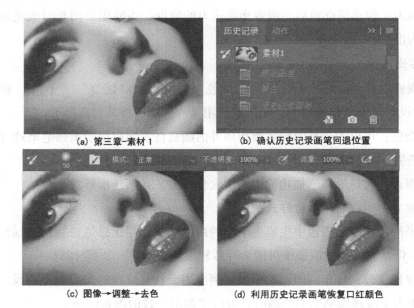

（a）第三章-素材 1　　　　　　　　（b）确认历史记录画笔回退位置

（c）图像→调整→去色　　　　　　　（d）利用历史记录画笔恢复口红颜色

图 3 - 13　历史记录画笔的效果

3.2.2　历史记录艺术画笔工具

"历史记录画笔"同一个工具组中的另一个画笔就是"历史记录艺术画笔"工具，与"历史记录画笔工具"一样，"历史记录艺术画笔工具"也将指定的历史记录状态或快照用作源数据，但是可以通过调整绘画样式、大小和容差选项，用不同的色彩和艺术风格模拟绘画的纹理，从而得到一种很有艺术效果的图像效果。

1. 历史记录艺术画笔操作实例

（1）打开 Photoshop 中的"第三章 - 素材 1"。

（2）执行"图像→调整→去色"命令，将素材调整为黑白颜色。

（3）在工具箱中选择"历史记录艺术画笔工具" 。

（4）在工具选项栏中打开"画笔调板"，在调板中选择需要的画笔样式，设置所需的"不透明度"、"混合模式"、"样式"、"区域"、"容差"。

①样式：用于选择和设置绘画描边的形状；

②区域：用于指定绘画描边所覆盖的范围，描边的数量与覆盖范围的大小成正比；

③容差：用于指定绘画描边的区域，低容差用于在图像中的任何地方绘制无数条描边；高容差将只在与源状态的颜色对比鲜明的区域进行绘画描边。

（5）在窗口中拖动鼠标，鼠标拖动的范围就会出现一定艺术效果的源状态效果。

使用历史艺术记录画笔的效果如图3-14所示。

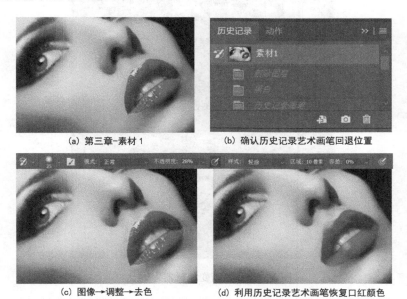

(a) 第三章-素材1　　　　　　(b) 确认历史记录艺术画笔回退位置

(c) 图像→调整→去色　　　　　(d) 利用历史记录艺术画笔恢复口红颜色

图3-14　历史记录艺术画笔的效果

3.3　填充工具

在Photoshop中，可以使用"渐变工具"和"油漆桶工具""3D材质拖放工具"以及"填充"菜单选项等多种方法对图像的特定区域填充前景色、背景色或者是指定的图案。通过对物体颜色的填充与修饰，从而使物体更加的生动。

3.3.1　渐变工具

在Photoshop中，"渐变工具"可以创建两种或者两种以上颜色的逐渐混合变化的填充效果。也就是说，在填充整个图像或者是图像的特定区域时，可以用多种颜色的混合色。渐变工具的填充效果具体取决于所选择的色彩渐变方式，同时渐变工具不能在位图模式、索引颜色模式的图像中使用。渐变编辑器对话框如图3-15所示。

在工具箱中选择"渐变工具"，在渐变工具的工具选项栏上出现图标，可以用鼠标单击选择设置渐变的变化方式。在Photoshop中渐变的变化方式有以下五种，效果如图3-16所示。

（1）线性渐变：沿着绘制的直线从起点到终点作线性变化。

（2）径向渐变：以绘制的直线为半径，以直线的起点为圆心，由内向外作圆形

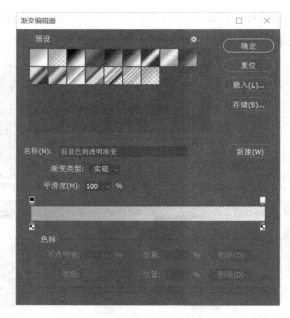

图 3-15 "渐变编辑器"对话框

变化。

（3）角度渐变：以绘制的直线作为角度的起始边，以直线的起点为圆心，沿逆时针方向围绕起点环绕变化。

（4）对称渐变：沿着绘制的直线向两侧作对称线性变化。

（5）菱形渐变：将绘制的直线作为半径，以直线的起点为中心，由内向外作菱形变化。

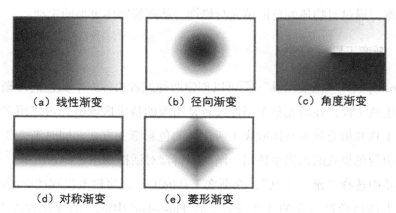

图 3-16 渐变工具填充变化方式

设置工具选项栏中的其他选项以获得所需要的效果：

（1）模式和不透明度选项：用于指定渐变效果的混合模式

和不透明度。

（2）反向渐变颜色██：用于设置将渐变填充中的颜色顺序反向进行翻转。

（3）仿色以减少带宽██：使用递色法来表现中间色调，使渐变效果更加平顺。

（4）切换渐变透明度██：用于对渐变填充使用透明区域蒙版。

在所建的图像中，拖动鼠标绘制一条直线。系统将根据该直线的起点、方向和终点确定渐变的效果，如果按住 Shift 键，那么直线的角度限定为 45°的整数倍。在 Photoshop 中除了可以使用系统默认的渐变色填充以外，也可以通过对现有渐变方案的修改来定义新的渐变方案。

注意：

（1）色标设置颜色可以由以下几种方法：鼠标左键双击某个色标可以打开"拾色器"对话框，并从中选择颜色；用鼠标单击对话框"色标颜色"下拉按钮，并选择弹出式菜单中的相应颜色；将鼠标移动到色带或者图像窗口中，鼠标变成吸管状时，单击鼠标左键，可以采集颜色。

（2）用鼠标拖动"平滑度"滑块，在"平滑度"文本框中输入相应的数值都可以调节整个渐变方案的平滑度。

（3）颜色色标和不透明度色标的删除，先选中需要删除的色标，再用鼠标单击对话框中的"删除"按钮，或者是直接用鼠标将色标拖离色带。

（4）颜色色标和不透明度色标的添加，用鼠标左键直接在色带的上方或者下方单击即可增加色标。

（5）在色带中调节色标的位置可以用鼠标直接拖动相应的色标，或者是先选中色标，然后在"位置"文本输入框中输入相应的数值，0% 在最左，100% 在最右。

（6）单击"存储"，保存当前的渐变方案。

3.3.2 油漆桶工具

"油漆桶工具"██是一种常用的填充工具，通常用于对颜色相同或者相似的区域进行填充。在工具选项栏下拉列表中选择"前景"选项时，"油漆桶工具"使用前景色进行填充；当选择"图案"选项时，后面的"图案拾色器"将被激活，这时使用图案进行填充。

当选中"填充复合图像"██，可以编辑多个图层中的图像，反之，只能编辑当前工作层。效果如图 3－17 所示。

（a）填充前景色

（b）填充图案

图 3－17　油漆桶工具

3.3.3 3D 材质拖放工具

"3D 材质拖放工具" ![icon]，它可以把已选择好的 3D 材质直接通过填充方式，贴在建好的 3D 模型上，可制作相关材质的 3D 模型效果。

注意： 在一般图层中 3D 材质拖放工具无法使用，所以必须先建立 3D 模型才可以使用该工具。

3.4 图章工具

Photoshop 提供了强大的图像修补功能，其中"图章工具"可以对图像进行仿制、修补操作，或者是删除图片中的一些不需要的东西。"图章工具"包括"仿制图章工具" ![icon]和"图案图章工具" ![icon]，它们都是利用图章进行绘制。不同的是"仿制图章工具"利用图像中的某一特地区域工作，而"图案图章工具"利用图案工作。

3.4.1 仿制图章工具

"仿制图章工具" ![icon]可以从图像中取样，然后将样本应用到其他图像或者是同一图像的其他部分，原理是从周围相近的像素处取样，然后将此像素复制到瑕疵处，从而将瑕疵覆盖住。当选择仿制图章工具时，通过设置仿制图章工具栏来获得更多的修补效果，如图 3 - 18 所示。

图 3 - 18 仿制图章工具栏

（1）仿制图章画笔 ![icon]：在弹出的画笔调板中选择画笔的笔尖样式。

（2）切换仿制源面板 ![icon]：是用来精确控制仿制源、坐标、缩放、旋转等。

（3）模式：可设置所仿制的图像与原图像的颜色混合效果，用于调整仿制后的色调。

（4）不透明度：可设置在仿制图像时画笔笔尖的不透明度效果，这对于图像的修复处理较为有用。

（5）绘图板压力控制不透明度 ![icon]：选中时，始终对"不透明度"使用压力，在关闭时，"画笔预设"控制压力。此按钮在使用外接压感笔时才能突出其作用。

（6）流量：用于设置按住左键单击图像时画笔在图像上方仿制图像的应用速率，在同一个区域一直按住左键，仿制图像的颜色应用量将根据流动的速率而增加，直至不透明。

（7）启用喷枪模式：单击该按钮可使用喷枪模拟绘画，根据画笔的硬度、不透明度和流量属性而应用该模式。

（8）对每个描边使用相同的位移：单击该按钮，将连续对图像进行取样并仿制图像。取消选择后，则在每次停止并重新绘制时以初始取样点为样本像素。

（9）样本：设置从指定的图层中取样样本。包括"当前图层""当前和下方图层"和"所有图层"选项。选择相应选项后将仅对指定的图层进行取样并仿制图像。

（10）打开以在仿制时忽略调整图层：选择"样本"选项中的"当前和下方图层"或"所有图层"样本图层后激活该按钮。此时单击该按钮可忽略样本图层中的调整图层。

3.4.2　图案图章工具

"图案图章工具"的参数与仿制图章工具大部分相同，不同的是多了一个"图案拾色器"选项，在其中可以选择图案，设置参数，在图像窗口中单击并按住鼠标左键不放来回拖动，被涂抹的区域将复制出所选择的图案效果。

图案图章工具有点类似图案填充效果，使用工具之前我们需要定义好想要的图案，然后适当设置好工具栏的相关参数，如图3-19所示。然后在画布上涂抹就可以出现想要的图案效果。绘出的图案会重复排列。

图3-19　图案图章工具栏

（1）画笔预设：可选择用图案图章涂抹时所使用的画笔笔尖形状，调整画笔笔尖大小、硬度、圆度等。

（2）模式：选择使用图案图章工具进行涂抹时所使用的混合模式。

（3）不透明度：选择使用图案图章工具修补图像时所使用的不透明度。

（4）压力：选中时，始终对"不透明度"使用压力，在关闭时，"画笔预设"控制压力。此按钮在使用外接压感笔时才能突出其作用。

（5）流量：使用图案图章工具进行涂抹时图像像素色彩的流动速度。

（6）喷枪：点击启用后就可以涂抹出喷枪式的效果。

（7）图案拾色器：点击下拉按钮可以选择在使用图案图章工具涂抹时所使用的图案。

（8）对每个描边使用相同的位移：选中该选项后，可以保持图案与原始起点的连续性，即使随意单击鼠标也不例外；如果取消选中该选项，则每次单击鼠标都会重新应用图案。

（9）印象派效果█：如果选中该选项进行涂抹时，就可以模拟出印象派的图案效果。

3.5 图像修复工具

"图像修复工具"这个工具组包括"污点修复画笔工具"█ "修复画笔工具"█ "修补工具"█ "内容感知和移动工具"█ 和"红眼工具"█，它们的作用是把样本像素的纹理、光照、透明度和阴影与要修复的像素相匹配，这是使用仿制图章工具不能实现的。

3.5.1 污点修复画笔工具

"污点修复画笔工具"█可以快速地去除照片中的污点和其他不理想的部分，它自动使用图案或者图像中的样本像素进行描绘，并且将样本像素的纹理、光照、透明度和阴影与要修复的像素匹配。它不需要指定样本点，而是自动从所修饰区域的周围取样。污点修复画笔工具选项栏的参数如图 3-20 所示。

图 3-20　污点修复画笔工具栏

（1）画笔选项█：可以选择使用"污点修复画笔工具"的画笔的大小、硬度、间距、角度、圆度等参数。

（2）模式：选择用来设置修复图像时使用的混合模式。

（3）通过内容识别填充修复█：可以使用选区周围的像素进行修复。

（4）通过纹理修复█：使用选区中的所有像素创建一个用于修复该区域的纹理。

（5）通过近似匹配修复█：使用选区边缘周围的像素来查找要用作选定区域修补的图像区域。

（6）从复合数据中取样仿制数据█：选中后对所有的图层进行取样，不选中则对当前选中图层进行取样。

污点修复画笔操作实例

（1）打开 Photoshop 中的"第三章 - 素材2"。

（2）在工具箱中选择"污点修复画笔工具"█。

（3）在工具选项栏中选择，画笔大小：34，模式：正常，选择通过近似匹配修复。

（4）在图片需要修补的区域拖动、松开鼠标即可。

使用"污点修复画笔工具"的效果如图3-21所示。

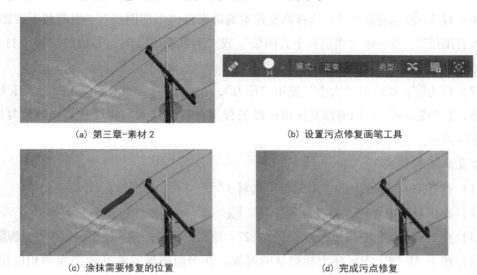

(a) 第三章-素材2　　　　　　　(b) 设置污点修复画笔工具

(c) 涂抹需要修复的位置　　　　　　(d) 完成污点修复

图3-21　污点修复画笔工具的效果

3.5.2　修复画笔工具

"修复画笔工具"可将样本参照区域像素的纹理、光照、透明度和阴影与将要修复的像素区域进行匹配，从而使修复后的像素自然地融入图像的其他区域，使之看上去无修补痕迹。与"污点修复画笔工具"不同，"修复画笔工具"需要指定样本点。修复画笔工具选项栏的参数如图3-22所示。

图3-22　修复画笔工具栏

（1）画笔选项：可以选择使用"修复画笔工具"的画笔的大小、硬度、间距、角度、圆度等参数。

（2）模式：可以选择用来取样进行修复像素与被修复区域的混合模式。

（3）源：设置用于修复像素的的源。选择"取样"选项时，可以使用当前图像的像素来修复图像。选择"图案"选项时，可以使用某个图案作为取样点。

（4）对每个描边使用相同位移：选中该选项后，可以连续对像素进行取样，取样位置跟着修复区域位置的移动而移动；当取消选中"对齐"选项后，则会在每次停止并重新开始修复绘制时使用初始取样点的像素。

（5）使用旧版：使用 Photoshop CC 2014 之前的版本，使用旧版时无"扩散"

功能。

（6）样本 ：可选择修复像素的源来自"当前图层""当前和下方图层"或"所有图层"。当选择"当前和下方图层"或"所有图层"时，右边的按钮"打开以在修复时忽略调整图层"可用。

（7）压力 ：始终对"大小"使用"压力"，在关闭时，"画笔预设"控制"压力"。

（8）扩散 ：调整修复区域扩散的程度，数值越大羽化度越高，被修复区域的边缘越柔和。

修复画笔操作实例

（1）打开 Photoshop 中的"第三章 – 素材 3"。

（2）在工具箱中选择"修复画笔工具" 。

（3）在工具选项栏中选择，画笔大小：27，模式：正常，源：使用画布作修复源 。

（4）按下 Alt 键，当鼠标为标靶状的时候，在当前图像或者其他图像的相应位置，单击鼠标左键进行取样。

（5）在需要修复的地方拖动鼠标，鼠标拖动过的位置便会按照指定的方式对图像进行修补。

使用"修复画笔工具"的效果如图 3 – 23 所示。

(a) 第三章-素材 3

(b) 设置修复画笔工具

(c) 涂抹需要修复的位置

(d) 完成修复

图 3 – 23　修复画笔工具的效果

3.5.3　修补工具

"修补工具" 是根据取样区域的图像或者选定的图案对目标区域的图像进行修复，

同时自动将取样图像与目标区域中的纹理、阴影和光照等进行匹配，该工具适合于整块修复。修补工具选项栏的参数如图3-24所示。

图3-24 修补工具工具栏

（1）选区创建方式 ：这里选区分为四种类型，分别是"新选区""添加到选区""从选区减去""与选区交叉"，主要选择新选区与原始选区的关系。

（2）修补（正常）：修补在选择"正常"时，可以通过选择来进行不同的修补效果。

①由目标修补源 ：将选取边框拖动到需要从中进行取样的区域，当松开鼠标左键时，原来选中的区域被使用样本像素进行修补。

②由源修补目标 ：将选取边框拖动到需要修补的目标区域，当松开鼠标左键时，目标区域被使用样本像素进行修补。

③在修补时使用透明度 ：选中该复选框后，可以使修补的图像与原始图像产生透明的叠加效果，该选项适用于修补具有清晰分明的纯色背景或渐变背景的图像。

④使用图案 ：使用"修补工具"创建选区后，单击使用图案按钮，可以使用图像进行修补选区。

⑤扩散 ：调整修复区域扩散的程度，数值越大羽化度越高，被修复区域的边缘越柔和。

（3）修补（内容识别）：选取"内容识别"以选择内容识别选项，可以通过选择来进行不同的修补效果。

①结构 ：输入一个1到7之间的值，以指定修补在反映现有图像图案时应达到的近似程度。如果输入7，则修补内容将严格遵循现有图像的图案。如果输入1，则修补内容将不必严格遵循现有图像的图案。

②颜色 ：输入0到10之间的值以指定Photoshop在多大程度上对修补内容应用算法颜色混合。如果输入0，则将禁用颜色混合。如果"颜色"的值为10，则将应用最大颜色混合。

（4）对所有图层取样 ：启用此选项以使用所有图层的信息在其他图层中创建移动的结果。

修补工具操作实例

（1）打开Photoshop中的"第三章-素材4"。

（2）在工具箱中选择"修补工具" 。

（3）在工具选项栏中选择，修补："内容识别"，结构：7。

（4）在需要修复的地方拖动鼠标，鼠标拖动过的位置将会按照指定的方式对图像进行修补。

使用"修复画笔工具"的效果如图 3 - 25 所示。

(a) 第三章-素材 4   (b) 设置修补工具

(c) 拖动需要修复的位置   (d) 完成修复

图 3 - 25   修补工具的效果

3.5.4 内容感知与移动工具

"内容感知与移动工具" ✖ 通过选择和移动图片的一部分重新组合图像，选择出现的空洞使用图片中的匹配元素填充。该工具适合于整块修复。内容感知与移动工具的参数如图 3 - 26 所示。

图 3 - 26   内容感知与移动工具工具栏

（1）选区创建方式 ■ ■ ❑ ❑ ❑ ：这里选区分为四种类型，分别是"新选区""添加到选区""从选区减去"和"与选区交叉"，主要是选择新选区与原始选区的关系。

（2）模式（移动）：使用移动模式将选定的对象置于不同的位置。

（3）模式（扩展）：使用扩展模式扩展或收缩对象。

（4）结构：输入一个 1 到 7 之间的值，以指定修补在反映现有图像图案时应达到的近似程度。如果输入 7，则修补内容将严格遵循现有图像的图案。如果输入 1，则修补内容将不必严格遵循现有图像的图案。

（5）颜色：输入 0 到 10 之间的值以指定 Photoshop 在多大程度上对修补内容应用算法颜色混合。如果输入 0，则将禁用颜色混合。如果"颜色"的值为 10，则将应用最大颜色混合。

（6）对所有图层取样：启用此选项以使用所有图层的信息在选定的图层中创建移动的结果。在"图层"面板中选择目标图层。

（7）允许旋转与缩放选区：启用该选项后，可以对刚刚已经移动到新位置的那部分图像进行缩放。

3.5.5　红眼工具

"红眼工具"可以去除闪光灯照相的过程中，人物的眼睛变成红色的情况。其原理是去除图像中的红色的像素，只要图像中存在红色的像素，无论是纯的红色还是其他的红色，它都可以去除。红眼工具的参数如图 3-27 所示。

图 3-27　红眼工具工具栏

（1）瞳孔大小：增大或减小受红眼工具影响的区域。

（2）变暗量：设置校正暗度。

红眼工具操作实例

（1）打开 Photoshop 中的"第三章 – 素材 5"。

（2）在工具箱中选中"红眼工具"。

（3）将光标移动至红眼区域，单击鼠标就可以去除红眼，如图 3-28 所示。

(a) 第三章-素材 5　　　　(b) 完成修复

图 3-28　红眼工具的效果

3.6 擦除工具

使用擦除工具可以将图像的内容擦除以修改出错的区域。Photoshop 中擦除工具包括"橡皮擦工具" ✎ "背景橡皮擦工具" ✎ "魔术橡皮擦工具" ✎，这三种工具位于工具箱的同一个按钮组中。

3.6.1 橡皮擦工具

"橡皮擦工具" ✎ 可以更改图像中的像素，如果图层为普通的图层，橡皮擦除的为透明像素。如果在背景图层上使用，由于背景图层为锁定图层，"橡皮擦工具"擦除后就会填充背景色。橡皮擦工具的参数如图 3-29 所示。

图 3-29　橡皮擦工具栏

（1）模式 ▦ ："模式"包括三种，分别是"画笔""铅笔""块"，在选择"画笔"和"铅笔"的模式下，使用的实质就是画笔和铅笔的笔尖形状进行擦除，而选择"块"，橡皮擦就是一个方块状。

（2）平滑模式设置 ⚙：Photoshop 可对画笔描边执行智能平滑设置。

①拉绳模式：仅在绳线拉紧时绘画。在平滑半径之内移动光标不会留下任何标记；

②描边补齐：暂停描边时，允许绘画继续使用光标补齐描边；

③补齐描边末端：完成从上一绘画位置到松开鼠标/触笔控件所在点的描边；

④缩放调整：通过调整平滑，防止抖动描边。

（3）抹除指定历史状态中的区域 ✎：启用工具选项栏中的"抹除指定历史状态中的区域"选项，在"历史记录"面板中设置快照，拖动鼠标，将通过抹除恢复到快照状态。

3.6.2 背景橡皮擦工具

"背景橡皮擦工具" ✎ 可以根据像素的颜色将图像中的某一颜色范围内的区域擦除为背景色或者是透明。背景橡皮擦工具的参数如图 3-30 所示。

图 3-30　背景橡皮擦工具栏

（1）画笔预设 ▮：单击选项栏中的画笔预设，并在弹出式面板中设置画笔选项，选取"直径""硬度""间距""角度"和"圆度"选项的设置。

（2）取样（连续）▮：背景橡皮擦擦除的像素色样随着光标的移动发生变化，也就是任意擦除。

（3）取样（一次）▮：背景橡皮擦只采集一次的像素色样，只擦除第一次所吸取的颜色。

（4）取样（背景色板）▮：只擦除当前背景色的区域。

（5）限制 限制 连续 ：限制"模式列表中包含三种擦除方式，分别是"不连续""连续"和"查找边缘"。

①连续：擦除颜色容差范围内并且相互连接的区域；

②不连续：擦除颜色容差范围内的区域；

③查找边缘：擦除颜色容差范围内并且相互连接的区域，并且更好地保留形状边缘的锐化程度。

（6）容差 容差: 50% ：输入值或拖动滑块。低容差仅限于抹除与样本颜色非常相似的区域。高容差抹除范围更广的颜色。

（7）保护前景色 ▮：启用"保护前景色"，当前的前景色，在擦除的时候就不会被擦除。

3.6.3　魔术橡皮擦工具

"魔术橡皮擦工具" ▮是根据鼠标在图像中第一次单击下去的取样点的像素色样，擦除图像中该色样容差范围内的图像为背景色或者是透明。魔术橡皮擦工具的参数如图3－31所示。

图3－31　魔术橡皮擦工具栏

（1）容差 容差: 32 ：容差的数值越大，被擦除的颜色范围就越大；容差的数值越小，被擦除的颜色范围就越接近于第一次取样点的颜色。

（2）平滑边缘转换 ▮：如果选中该选项擦除的边缘就会变得平滑无锯齿状。

（3）连续 ▮：如果选中该选项，就只擦除与鼠标单击点临近的像素，反之，就会擦除整个图像中与鼠标单击点颜色相近的像素。

（4）对所有图层取样 ▮：利用所有可见图层中的组合数据来采集抹除色样。

（5）不透明度 不透明度: 100% ：不透明度的数值越大，被擦除的像素就越多。

3.7 图像修饰工具

Photoshop 中提供的图像修饰工具包括两组，一组包括"模糊工具"  "锐化工具" "涂抹工具" ；一组包括"减淡工具" "加深工具" "海绵工具" 。它们都可以对图像进行一些特别的修饰处理，使图像的效果更加丰富。

3.7.1 模糊工具

"模糊工具" 是柔化硬边缘或者是减少图像中的细节，使用"模糊工具"在某个区域绘制次数越多，该区域就越模糊。模糊工具的参数如图 3-32 所示。

图 3-32 模糊工具栏

（1）画笔预设 ：单击选项栏中的画笔预设，并在弹出式面板中设置画笔选项，选取"直径""硬度""间距""角度"和"圆度"选项的设置。

（2）模式：选择使用模糊工具进行涂抹时所使用的混合模式。

（3）强度：用来设置"模糊工具"的模糊强度。数值越大，被涂抹的像素区域模糊强度越强。

（4）从复合数据中取样仿制数据 ：选中该选项后，"模糊工具"将对所有图层生效；取消该选项时，将对选中的图层生效。

使用"模糊工具"的效果如图 3-33 所示。

（a）原图

（b）模糊工具效果

图 3-33 使用"模糊工具"的效果

3.7.2 锐化工具

"锐化工具" 可以增强图像中相邻的像素之间的对比，从而提高图像的清晰度，丰富图片的细节。锐化工具的参数如图3－34所示。

图3－34 锐化工具栏

（1）画笔预设 ▢ ▫：单击选项栏中的画笔预设，并在弹出式面板中设置画笔选项，选取"直径""硬度""间距""角度"和"圆度"选项的设置。

（2）模式：选择使用锐化工具进行涂抹时所使用的混合模式。

（3）强度 强度 50% ：用来设置"锐化工具"的锐化强度。数值越大，被涂抹的像素区域锐化强度越强。

（4）从复合数据中取样仿制数据▩：选中该选项后，"锐化工具"将对所有图层生效；取消该选项时，将对选中的图层生效。

（5）保护细节▤：保护被涂抹的像素细节的最小像素化。

使用"锐化工具"的效果如图3－35所示。

(a) 原图   (b) 锐化工具效果

图3－35 使用"锐化工具"的效果

3.7.3 涂抹工具

"涂抹工具" ▨模拟将手指拖过湿油漆时所看到的效果。该工具可拾取描边开始位置的颜色，并沿拖动的方向展开这种颜色。涂抹工具的参数如图3－36所示。

图3－36 涂抹工具栏

（1）画笔预设 ⬤ ▫：单击选项栏中的画笔预设，并在弹出式面板中设置画笔选项，选取"直径""硬度""间距""角度"和"圆度"选项的设置。

（2）模式：选择使用涂抹工具进行涂抹时所使用的混合模式。

（3）强度：强度值越大，涂抹效果越大；强度值越小，涂抹效果越小。

（4）从复合数据中取样仿制数据 ：可利用所有可见图层中的颜色数据来进行涂抹。如果取消选择此选项，则涂抹工具只使用现用图层中的颜色。

（5）用前景色手指绘画 ：如果选中该选项，就使用前景色和当前图像中的颜色一起进行涂抹，反之就只使用图像中的颜色进行涂抹。按住 Alt 键可以临时启用"用前景色手指绘画" 方式。

使用"涂抹工具"的效果如图 3 - 37 所示。

（a）原图　　　　　　　　　　　　　　（b）涂抹工具效果

图 3 - 37　使用"涂抹工具"的效果

3.7.4　减淡工具

"减淡工具" 可将图像亮度增强、颜色减淡。减淡工具用来增强画面的明亮程度，在画面曝光不足的情况下使用非常有效。减淡工具的参数如图 3 - 38 所示。

图 3 - 38　减淡工具栏

（1）画笔预设 ：根据亮度需要增强部位的大小设置画笔，单击选项栏中的画笔预设，并在弹出式面板中设置画笔选项，选取"直径""硬度""间距""角度"和"圆度"选项的设置。

（2）范围："减淡工具"可以选取更改的范围，选择着重减淡的范围，在属性中可以选择高光、中间（默认）和阴影等。

①中间调：更改灰色的中间范围；

②阴影：更改暗区域；

③高光：更改亮区域。

（3）曝光度：在该文本框中输入数值，或单击文本框右侧的三角按钮，拖动打开的三角滑块，可以设定工具操作时对图像的减淡强度。可以理解成画笔工具上面的流量。

（4）喷枪工具：如果启用了喷枪工具，在没有释放鼠标之前，减淡工具会一直工作，反之不启用喷枪工具，那么鼠标单击一次就工作一次。

（5）保护色调：保护色调选项以最小化阴影和高光中的修剪。该选项可以防止颜色发生色相偏移。

使用"减淡工具"的效果如图3－39所示。

（a）原图　　　　　　　　　　　　　　（b）减淡工具效果

图3－39　使用"减淡工具"的效果

3.7.5　加深工具

"加深工具"可将图像亮度降低、颜色加深。加深工具和减淡工具的作用刚好相反。加深工具可以对图像某个部位加深，用它可以很快地做出阴影的效果。加深工具的参数如图3－40所示。

图3－40　加深工具栏

（1）画笔预设：根据加深部位的大小设置画笔，单击选项栏中的画笔预设，并在弹出式面板中设置画笔选项，选取"直径""硬度""间距""角度"和"圆度"选项的设置。

（2）范围："加深工具"可以选取更改的范围，可以选择要加深的对像范围，在属性中可以选择高光、中间（默认）和阴影等。

①中间调：更改灰色的中间范围；

②阴影：更改暗区域；

③高光：更改亮区域。

（3）曝光度：在该文本框中输入数值，或单击文本框右侧的三角按钮，拖动打开的三角滑块，可以设定工具操作时对图像的加深强度。可以理解成画笔工具上面的流量。

（4）喷枪工具 ：如果启用了喷枪工具，在没有释放鼠标之前，加深工具会一直工作，反之不启用喷枪工具，那么鼠标单击一次就工作一次。

（5）保护色调 ：保护色调选项以最小化阴影和高光中的修剪。该选项可以防止颜色发生色相偏移。

使用"加深工具"的效果如图3-41所示。

（a）原图　　　　　　　　　　　　（b）加深工具效果

图3-41　使用"加深工具"的效果

3.7.6　海绵工具

"海绵工具" 可以用来精确地更改选择区域的色彩饱和程度。利用海绵工具可以去除图像中的饱和度或者增加图像中的饱和度。海绵工具 的参数如图3-42所示。

🏠 ⊙ ⌖ 65 ⟋ 模式：去色 ⌄ 流量：50% ⌄ ⟋ ▽ ⌖

图3-42　海绵工具栏

（1）画笔预设 ：根据需要更改色彩饱和区域的大小设置画笔，单击选项栏中的画笔预设，并在弹出式面板中设置画笔选项，选取"直径""硬度""间距""角度"和"圆度"选项的设置。

（2）模式：用于设置更改颜色的方式。

①加色：用于提高图像的色彩饱和度；

②去色：用于降低图像的色彩饱和度。

（3）曝光度：在该文本框中输入数值，或单击文本框右侧的三角按钮，拖动打开的三角滑块，可以设定工具操作时对图像饱和度的更改强度。可以理解成画笔工具上面的流量。

（4）喷枪工具 ：如果启用了喷枪工具，在没有释放鼠标之前，海绵工具会一直工作，反之不启用喷枪工具，那么鼠标单击一次就工作一次。

（5）自然饱和度▽：最小化修剪以获得完全饱和色和不完全饱和色，该按钮的默认选择，可以获得最自然的加色或减色效果。

使用"海绵工具"的效果如图 3 – 43 所示。

（b）原图　　　　　　　（b）加色效果　　　　　　（c）减色效果

图 3 – 43　使用"海绵工具"的效果

3.8　案例分析

3.8.1　利用画笔和内容识别工具移除围栏铁网

Photoshop 中的内容识别功能，可以利用选区周围综合性的细节信息来创建一个填充区域，从图片的选区中替换或者移除不需要的物体。本例利用画笔进行精细的选择，配合内容识别功能来完成移除围栏铁网的效果。

（1）执行"文件→打开"命令，打开素材"第三章 – 素材 – 移除围栏铁网"。

（2）新建图层，选择硬边圆画笔，画笔大小：28，画笔硬度：100%，对铁栅栏进行绘制，如图 3 – 44 所示。

（a）原图　　　　　　　　　　（b）用画笔绘制铁栅栏效果

图 3 – 44　使用画笔绘制铁栅栏

（3）按住 Ctrl 键选择绘制的栅栏图层，选择背景图层，隐藏围栏图层并建立围栏图层的选区，执行"选择→修改→扩展"，扩展 2 像素，如图 3 – 45 所示。

图 3 - 45　制作铁栅栏选区

（4）执行"编辑→内容识别填充"命令，完成围栏铁网的去除，如图 3 - 46 所示。

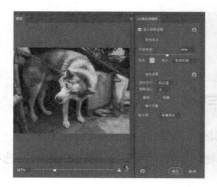

图 3 - 46　完成围栏铁网的去除

3.8.2　制作水墨笔刷

使用 Photoshop 来绘制水墨字体，主要是使用 Photoshop 的画笔工具，在画笔工具中自定义一个画笔笔尖，再调节画笔笔尖的画笔预设选项里的相关设置，以实现水墨效果。本例也能帮助我们理解画笔工具的使用。

（1）新建 400×400 像素的文档，执行"文件→打开"命令，打开素材"第三章 - 素材 - 水墨笔头"，粘贴入文档，执行"编辑→定义画笔预设"，在弹出对话框中给画笔命名为"水墨笔头"，如图 3 - 47 所示。

图 3 - 47　设置水墨笔头

（2）点击"画笔设置"面板将参数调整如下：

①画笔笔尖形态设置：画笔大小：100像素，间距：1%。

②形状动态设置：大小抖动：5%，大小控制选项"钢笔压力"，角度控制选项"初始方向"，圆度抖动：20%，最小圆度：25%，如图3-48所示。

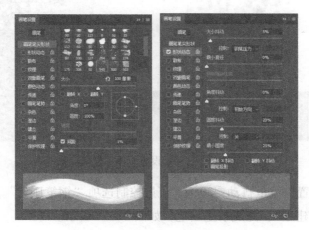

图3-48　设置水墨笔尖形状以及形状动态

③纹理选项设置：执行"文件→打开"命令，打开素材"第三章-素材-纹理"，粘贴入文档，执行"编辑→定义图案"，在弹出对话框中给图案命名为"水墨纹理"，纹理缩放：5%，纹理模式："实色混合"，纹理深度：100%，点选"为每个笔尖设置纹理"，如图3-49所示。

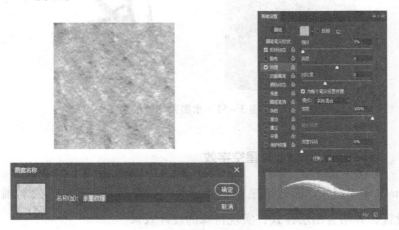

图3-49　设置笔刷纹理

④双重画笔选项设置：执行"文件→打开"命令，打开素材"第三章-素材-双重画笔"，粘贴入文档，执行"编辑→定义画笔预设"，在弹出对话框中给画笔命名为"双重水墨画笔"，设置"双重画笔"，大小：33像素，散布：30%，数量：1，如图

3－50所示。

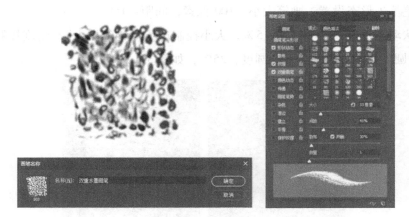

图3－50　设置双重画笔

⑤传递选项设置：流量抖动：20%，流量控制选项"钢笔压力"。

⑥打勾激活"建立"，完成水墨画笔，如图3－51所示。

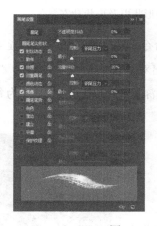 

图3－51　水墨画笔效果

3.8.3　用画笔制作炸裂效果星空字效

在 Photoshop 中制作炸裂效果星空字效，本例是通过调节画笔笔尖的画笔预设选项里的相关设置，并结合图层样式，实现特殊的设计效果。

（1）新建297×210像素的文档，分辨率为300。

（2）输入字体"TOP STAR"，字体为"Engravers MT"，字体大小为115，用"多边形工具"绘制五角星，选择"TOP STAR"和五角星图层，将其转化为智能对象"TOP STAR"图层，如图3－52所示。

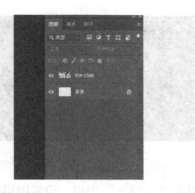

图3-52　制作智能对象

（3）背景填充为黑色，在背景之上新建图层"星空字"，按住 Crtl 键点击"TOP STAR"图层缩略图，将其转换为选区。隐藏"TOP STAR"图层。同时选择画笔工具中的特殊效果画笔中的"Kyle 的喷溅画笔"，画笔设置为：

①画笔笔尖形态设置：大小：84 像素，间距：15%。

②形状动态设置：大小抖动：57%，最小直径：0%，倾斜缩放比例：47%，角度抖动：100%，圆度抖动：16%，最小圆度：50%。

③散布：两轴：595%，数量：1。

④双重画笔：选择相同的笔刷，大小：84 像素，间距：25%，散布两轴：158%，数量：1。

⑤点击建立，平滑，保护纹理，如图3-53所示。

图3-53　喷溅画笔设置

（4）前景色设置为白色，选择"星空字"图层，在选区中进行涂抹，注意涂抹选区边缘，取消选区，用画笔在字边缘点击，形成喷溅效果，如图3-54所示。

图 3 – 54　喷溅画笔绘制

（5）双击"星空字"图层，设置图层样式：

①内发光：混合模式：减去，不透明度：77%，杂色：0%，颜色：棕色（#471700），阻塞：2，大小：66 像素，范围：50%，抖动：0%。

②外发光：混合模式：正常，不透明度：20%，杂色：0%，颜色：蓝色（#5245ac），方法：柔和，扩展：4，大小：65 像素，设置等高线，范围：50%，抖动：0%，如图 3 – 55 所示。

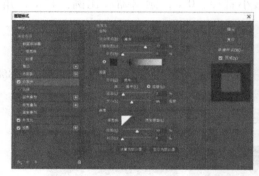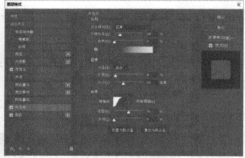

图 3 – 55　设置内发光外发光样式

③投影：混合模式：正常，颜色：白色（#ffffff），不透明度：60%，角度：90 度，距离：8，扩展：0，大小：0，杂色：0%，如图 3 – 56 所示。

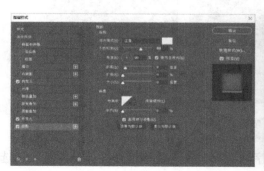

图 3 – 56　设置投影样式

（6）"文件→打开"命令，打开素材"第三章－素材－星空"，粘贴入文档，放置在背景图层之上，设置不透明度为16%，完成制作，如图3－57所示。

图3－57 炸裂效果星空字效

3.9 小结

本章主要介绍了绘图和绘画的几个常用的工具及其使用方法，结合实际的需要选择相应的工具，可以非常方便地绘制与修改效果图。如果对其选项进行不同的设置可以产生不同的效果，同时结合实例讲解了这些工具和操作的具体用法和技巧。

3.10 习题

一、填空题

1. Photoshop中的擦除工具包括_____、_____和_____。

2. 画笔笔尖形状设置参数包括_____、_____、_____、_____、_____。

3. 使用_____方法，可以创建一些较为特殊的画笔形状。

4. 定义特殊画笔的时候，只能定义_____，而不能定义画笔的颜色。

5. "渐变工具"不能用于_____、_____或_____的图像。

6. 在Photoshop中，使用渐变工具可创建丰富多彩的渐变颜色，如线性渐变，径向渐变、_____、_____与_____。

7. 如果选中涂抹工具选项栏中_____复选框，将使用当前前景色和图像中的颜色一起涂抹，否则，将只使用图像中的颜色进行涂抹。

8. 利用"历史记录画笔工具""历史记录艺术画笔工具""橡皮擦工具"和"历史记录"调板四种工具，可以根据_____调板中记录的某种历史状态进行绘图，将图像恢复到某个历史状态。

二、 选择题

1. 如何使用图章工具在图象中取样?(　　　)

 A. 在取样的位置单击鼠标并拖拉

 B. 按住 Shift 键的同时单击取样位置来选择多个取样像素

 C. 按住 Alt 键的同时单击取样位置

 D. 按住 Ctrl 键的同时单击取样位置

2. 当使用绘图工具时，如何暂时切换到吸管工具?(　　　)

 A. 按住 Shift 键　　　　　　B. 按住 Alt 键

 C. 按住 Ctrl 键　　　　　　 D. 按住 Ctrl + Alt 键

3. 下面对模糊工具功能的描述哪些是正确的?(　　　)

 A. 模糊工具只能使图像的一部分边缘模糊

 B. 模糊工具的压力是不能调整的

 C. 模糊工具可降低相邻像素的对比度

 D. 如果在有图层的图像上使用模糊工具，只有所选中的图层才会起变化

4. 当编辑图像时，使用减淡工具可以达到何种目的?(　　　)

 A. 使图像中某些区域变暗 B. 删除图像中的某些象素

 C. 使图像中某些区域变亮 D. 使图像中某些区域的饱和度增加

5. 下面哪个工具可以减少图像的饱和度?(　　　)

 A. 加深工具　　　　　　　　B. 减淡工具

 C. 海绵工具　　　　　　　　D. 任何一个在选项调板中有饱和度滑块的绘图工具

6. 下面在绘图中哪些对柔光模式的描述是正确的?(　　　)

 A. 根据绘图色的明暗程度决定最终色

 B. 当绘图色比 50% 的灰要亮，那么图像变亮

 C. 如果使用纯白色或黑色绘图时得到的是纯白或黑色

 D. 绘图色叠加到底色上，可保留底色的高光和阴影部分

7. 橡皮擦工具选项栏中有哪些橡皮类型?(　　　)

 A. 画笔　　　 B. 喷枪　　　 C. 直线　　　　 D. 块

8. 下面对渐变填充工具功能的描述哪些是正确的?(　　　)

 A. 如果在不创建选区的情况下填充渐变色，渐变工具将作用于整个图像

 B. 不能将设定好的渐变色存储为一个渐变色文件

C. 可以任意定义和编辑渐变色，不管是两色、三色还是多色

D. 在 Photoshop 中共有五种渐变类型

9. 下面哪种工具选项可以将图案填充到选区内？（   ）

    A. 画笔工具   B. 图案图章工具

    C. 橡皮图章工具   D. 喷枪工具

10. 在画笔对话框中可以设定画笔的（   ）。

    A. 直径   B. 硬度   C. 颜色   D. 间距

第 4 章　图层的应用与管理

4.1　图层的基本操作方法

图层是 Photoshop 的精髓，也是应该重点学习的内容。Photoshop 中图层概念的引入为图像编辑处理带来了极大的便利，在 Photoshop 中通过图层将图像分为不同的部分，每个图层都可以独立进行编辑，为合成和修订图像提供了极大的灵活性。

4.1.1　图层的基本操作

1. 图层面板介绍

"图层"面板是用来管理和操作图层的，"图层"面板包含了当前图像中所有的图层，包括每个图层的名称及图像缩略图，几乎所有与图层有关的操作都可以通过"图层"面板来完成。可以使用"图层"面板来对图层进行查看、隐藏、删除、重命名、合并。图 4－1 表示出了"图层"面板中常用到的操作内容。图 4－1 中各项功能如下：

（1）图层的混合模式：单击三角符号选择混合模式。

（2）锁定选项区：可以设置图层相应的锁定状态。

（3）显示/隐藏图层：单击图标切换。

（4）链接图层：可以选中多个图层点击此图标进行链接，链接后图层可一起进行移动。

（5）图层样式选择：单击图标可为图层选择图层

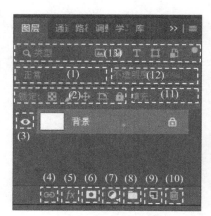

图 4－1　"图层"面板

样式。

（6）图层蒙版的添加：单击图标可为图层添加蒙版。

（7）添加新调整图层或填充图层：单击图标可新调整图层或填充图层。

（8）创建新图层组：单击图标进行创建组。

（9）创建新图层：单击图标进行创建新图层。

（10）垃圾桶：用来删除图层。

（11）当前图层填充百分比：单击三角箭头拖动滑块调整，也可直接输入数字。

（12）当前图层不透明度百分比：单击三角箭头拖动滑块调整，也可直接输入数字。

（13）图层过滤器：可以进行图层的快速查找和筛选。

注意："图层"面板可以通过"窗口→图层"操作打开，也可以使用快捷键 F7。

2. 创建图层

在 Photoshop 中我们可以通过多种方式来创建图层。

（1）单击"图层"面板按钮创建新图层。用鼠标单击图层面板上的 图标，即可在当前图层上层创建一个名为"图层1"的空白新图层，如图 4 - 2 所示。

图 4 - 2　创建新图层

图 4 - 3　"图层"面板菜单创建图

（2）通过"图层"面板弹出菜单创建新图层。单击图层面板右侧 图标，弹出菜单选择新建图层。也可使用快捷键 Shift + Ctrl + N，如图 4 - 3 所示。

3. 图层的编辑

（1）选择图层。当要对某个图层编辑时，必须先使当前图层处于选择状态，在"图层"面板中，单击该层使其浅灰色显示，表示当前图层已被选择。

（2）显示/隐藏图层。在"图层"面板中，当每层前的眼睛图标是可见的，表示当前层显示。如果要隐藏当前图层，单击眼睛图标，当眼睛图标不可见时，表示当前层已被隐藏。如果按住 Alt 键单击某一图层的眼睛图标，则除当前层外其他层全部隐藏。

（3）重命名图层。如果要对图层进行重命名，在该图层名称的位置双击，输入新名称，回车确认，如图 4 - 4 所示。修改图层的名称，可以更方便地了解图层的内容。

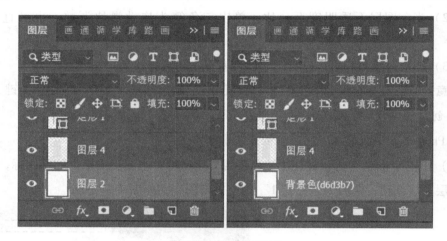

图 4 - 4　重命名图层

（4）图层顺序的调整。调整图层的顺序，可以改变图层的叠放次序，处于上层的图层会覆盖之下所有图层的内容。如图 4 - 5 所示，将"花"图层拖拽至"边框"图层上方，"花"图层则覆盖部分边框。"花"图层调整至"边框"图层下方，"边框"图层将

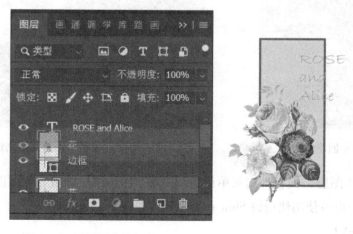

图 4 - 5　图层顺序的调整："花"图层在"边框"图层之上

覆盖部分"花"图层的内容。如图4-6所示。

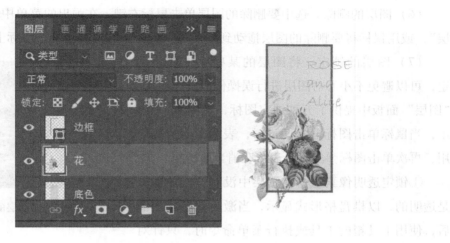

图4-6 图层顺序的调整:"边框"图层在"花"图层之上

(5)图层的复制。

①"图层"面板中图层的复制。在"图层"面板中,单击选中的图层点击鼠标右键,从弹出的菜单中选择"复制图层",就会弹出复制图层的面板,如图4-7所示,在弹出的面板中可以更改复制图层的名称,如果直接点击确定,会复制一个带有"拷贝"字样名称的新图层。

图4-7 图层的复制

也可将需要复制的图层拖动到"图层"面板下方的 🗇 图标上,会在"图层"面板上自动复制一个带有"拷贝"字样名称的新图层。

②拷贝粘贴图层。将选框工具选择中的图层执行"编辑→拷贝"(快捷键 Ctrl + C)进行拷贝,再执行"编辑→粘贴"(快捷键 Ctrl + V)进行粘贴。会将粘贴的图层自动新建为新图层。

③拖放图像文件到当前图像文件建立图层。打开两幅图像,用工具箱上的"移动"工具 ✛,按住鼠标将图像 A 拖动到图像 B 上,当图像 B 上出现黑框显示时松开鼠标,会

将拖动过来的图像 A 复制在图像 B 之上并自动建立新的图层。

（6）图层的删除。选中要删除的图层单击鼠标右键，在弹出的菜单中选择"删除图层"，或用鼠标将要删除的图层拖动到"图层"面板下方的垃圾桶🗑图标上。

（7）图层的锁定。将图层的某些编辑功能锁定，可以避免不小心对图层进行误操作而破坏图层。"图层"面板中提供了五种锁定图标，如图 4-8 所示，当鼠标单击图标显示凹进时，表示当前功能启用，再次单击图标弹出时，表示取消当前功能。

图 4-8　图层的锁定

①锁定透明像素🔳：在图层中没有像素的部分是透明的，以棋盘格形式显示，当激活此图标功能后，使用工具箱的工具或执行菜单命令时，只针对有像素的部分进行操作。当图层透明部分被锁定时，在此图层后面会出现一个小锁的图标。

②锁定图像像素🖌：激活此图标功能后，不管是透明部分和不透明部分的图像都不可进行编辑。

③锁定位置✛：激活此图标功能后，被锁定的图层不能被移动。

④防止在画板和画框内外自动嵌套🔲：防止当将图层或组移出画板边缘时，图层或组在图层视图中移出画板。

⑤锁定全部🔒：激活此图标功能后，图层的所有编辑功能被锁定，不能进行任何编辑。

（8）图层的合并。在"图层"面板右侧▤图标上，弹出的菜单中有三个合并命令，分别是"向下合并""合并可见图层""拼合图像"，如图 4-9 所示，鼠标右键单击图

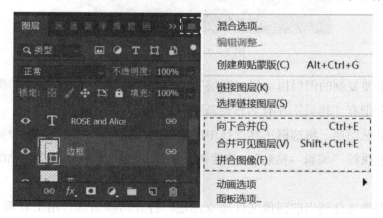

图 4-9　图层合并

层或在"图层"主菜单中也有这三个命令。

①向下合并：当前选中的图层会与下一层图层合并为一层。

②合并可见图层：如果要将当前未被隐藏的所有可见图层合并为一层，可使用此命令，隐藏的图层不受影响，如果所有图层和背景层都处于显示状态，则都被合并到背景层上。

③拼合图像：可将所有可见图层都合并到背景层上，隐藏的图层会丢失，所以在选择此命令时一定要注意。

（9）图层组。在 Photoshop 中提供了不同类型的图层，当图层过多时，管理起来很不方便，所以 Photoshop 提供了图层组的概念，用于对图层分类管理。图层组类似于 Windows 系统里的文件夹，图层组也可以把不同的图层分类归为不同的图层组中，如图 4－10 所示。不管图层是否在图层组内，其本身的编辑都不受任何影响。

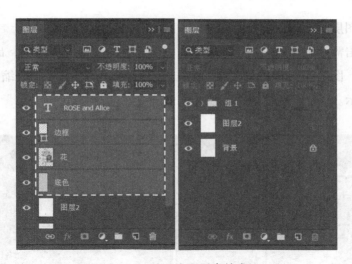

图 4－10　将选中图层合并成组

在"图层"面板中单击▭按钮或单击▤按钮，在右侧弹出的面板中选择"新建组"命令，或点击主菜单"图层→新建→组"都可创建新的图层组。

图层组的改名方式和图层相同，双击图层组的名称即可更改，也可以单击鼠标右键在"图层"面板中标记便于区分的颜色和所显示的通道，如图 4－11 所示。

图层在图层组内进行删除复制等操作与没有图层组的时候完全相同，同样在图层组内调整图层的顺序也会对图像带来影响，并且可以将原本不在图层组中的图层拖拽至图层组内，或是将原本图层组中的图层拖拽至图层组外。将需要放入图层组内的图层用鼠标拖拽至图层组内需要放置的图层之上，出现双横线显示时，松开鼠标，图层就会加入

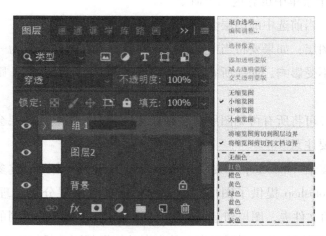

图 4-11　图层组重命名与着色

到图层组内，图层的缩略图会向内缩进。

　　同样，单击需要拖移出图层组的图层到图层组外的其他图层之上，出现双横线显示时，松开鼠标，图层就会移出图层组。点击图层组前的▶标志可以收缩或展开图层组，如图 4-12 所示。

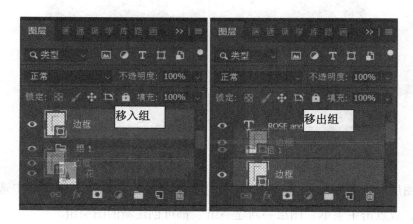

图 4-12　图层组的移入与移出

　　若要删除图层组，直接将图层组拖拽至"图层"面板下方的垃圾桶🗑图标上，可将整个图层组和所包含的所有图层全部删除。如果只想删除图层组，保留其中的图层，可在图层组上单击鼠标右键，在弹出的面板中选择"仅组"，如图 4-13 所示。单击"取消"按钮，可取消当前操作。

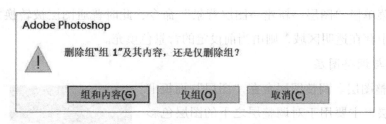

图 4 – 13　删除图层组

4.1.2　图层类型

1. 普通图层

普通图层也成为常规图层，是 Photoshop 中最常用的图层，普通图层是一个透明的图层，以灰白相间的棋盘格显示。点击新建图层，所创建的就是普通图层，普通图层可以进行任何编辑，并可以转换成背景图层。如图 4 – 14 所示，"图层 1"为普通图层。

2. 背景图层

当用 Photoshop 打开一幅图像时，会默认图像为背景图层。背景图层始终位于"图层"面板最下方，图层名称为"背景"，如图 4 – 14 所示。一幅图像只能有一个背景层，背景层的右边有一个锁形图标 🔒，表示

图 4 – 14　图层类型

当前背景图层不可被移动，并且不能够进行混合模式、不透明度调整等操作。

普通图层和背景图层之间可进行转换，如要将背景图层转换为普通图层，可双击背景图层，将其转换为普通图层，在弹出的对话框内选择要更改的名称（默认为"图层0"）、标识颜色、混合模式和不透明度选项，如图 4 – 15 所示。

图 4 – 15　背景图层转普通图层

如要将普通图层转换为背景图层，可以在"图层"面板中，选定要转换为背景层的

图层，执行菜单栏"图层→新建→图层背景"命令，此时普通图层被转换为背景图层，若普通图层中存在透明区域，则由当前设定的背景色填充。

3. 填充与调整图层

（1）调整图层。调整图层会在"图层"面板上添加新的图层，主要用于对调整层之下的图层色彩的调整。通过在图像中添加调整层，可调整图像的颜色、色调、对比度等，而不会永久性修改图像中的像素值。在完成色彩调整后，还可以随时修改及调整。单击"图层"面板下的 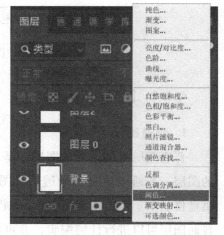（创建新的填充或调整图层）按钮，会弹出填充及调整图层的创建面板，如图 4-16 所示，选择需要的调整图层并点击，此时在"图层"面板中将会出现调整图层。

调整层相比于直接在图层上调整颜色要具有很多优点。

图 4-16 填充及调整图层的
创建面板

①安全性。利用调整层调整图像色彩，调整后的色彩信息都保留在调整层中，不会对原图像造成任何改动，如果想恢复原图像的色彩，只需要删除调整层即可。单击"调整图层"面板上的垃圾桶🗑按钮，可删除此调整层。

②便利性。使用调整图层，可以选择仅影响位于它之下的一层图像，也可以选择影响位于它之下的所有图层，也可以对其下层图像中所做出的选区部分进行调整。按住 Alt 键在两图层之间，当鼠标出现向下的小箭头时，点击鼠标左键就可以创建剪贴蒙版，再次点击可以释放剪贴蒙版，调整层应用于所有图层。

③可编辑性。调整图层除了可以用来调整色彩，还具有图层的很多功能，如调整不透明度，设定不同的混合模式或通过修改图层蒙版达到更多效果。同时，调整图层还可以多次修改调整参数。双击"图层"面板中已建立的调整图层图标，可弹出此调整图层的参数修改面板。

（2）填充图层。填充图层也会在"图层"面板上添加新的图层，它以纯色、渐变和图案三种类型来填充图层，不会对下面的图层造成改动。当设定新的填充图层时，会自动生成一个图层蒙版。填充图层也可调整图层一样，可随时删除，不会影响图像本身。

单击"图层"面板下的 🔘（创建新的填充或调整图层）按钮，会弹出填充及调整图层的创建面板，如图 4-16 所示，最上面三种为填充图层的样式，选择需要的填充图层并点击，此时在"图层"面板中会出现新的填充图层。

①纯色填充图层。选择"纯色"命令后，会新建填充图层并弹出拾色器，如图4－17所示，在对话框中选择要使用的颜色，点击"确定"。"图层"面板上填充图层左边的缩略图显示当前填充的色彩，右边的缩略图代表图层蒙板。

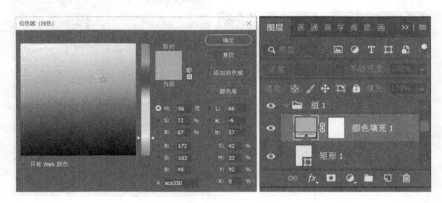

图4－17　纯色填充图层面板

②渐变填充图层。选择"渐变"命令后，会新建填充图层并渐变填充对话框，如图4－18所示，在对话框中选择要使用的渐变，设定渐变的样式等参数，点击"确定"。"图层"面板上渐变填充图层左边的缩略图显示当前渐变的色彩和样式，右边的缩略图代表图层蒙板。在"样式"后面弹出的菜单可选择不同的渐变样式，在"角度"中设置渐变的角度，"反向"选项可以使渐变的颜色反转，"仿色"选项可以在渐变中增加杂点以得到较平缓的渐变效果，"与图层对齐"选项可以使渐变填充调整图层与图层的对齐。

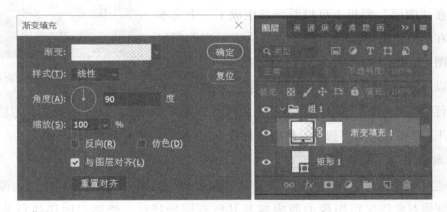

图4－18　渐变填充图层面板

③图案填充图层。选择"图案"命令后，会新建图案图层并渐变填充对话框，如图

4-18 所示，在对话框中选择要填充的图案，并在缩放栏中设定图案大小，如果选定"与图层链接"选项，图案图层与图层蒙版之间具有链接关系，在移动图案图层时，图层蒙版也会随之移动。

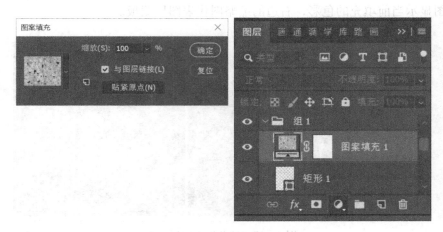

图 4-18　图案填充图层面板

4. 文本图层

在 Photoshop 中最终输出的图像信息通常都是像素化的。图像上的文字也是由像素构成的，文字也会随着图像的放大产生锯齿。但是 Photoshop 对文字图层保留了矢量性，在编辑时可以随意缩放、调整文字的大小而不损失像素。

在工具箱中点击文字工具**T**，然后在图像上输入文字，在"图层"面板上可以看到新生成了一个文本图层，在图层缩略图上有一个 T 字母，表示当前图层是文本图层，如图 4-19 所示。文本图层是矢量图层，随时可以进行再编辑。用工具箱的文字工具在图像文

图 4-19　文本图层面板

字上进行拖拽就可以缩放文字的大小，用任何工具双击"图层"面板中文本图层的缩略图字母 T，都可以将文字选中，然后进行修改和编辑。

5. 智能对象

智能对象是包含栅格或矢量图像（如 Photoshop 或 Illustrator 文件）中的图像数据的图层。智能对象将保留图像的源内容及其所有原始特性，能够对图层执行非破坏性编辑。

（1）保持图片质量。智能对象最重要的特性之一，就是确保图像质量。被栅格化的

图片在做拉伸变形处理的时候，极易遭到破坏，即使进行旋转都会造成像素损失，从而降低图片质量。但是，将图层事先转化成智能对象，Photoshop 会记录图片最原始的信息，此后再对其进行无论多少次缩放，都能让图片质量与最初保持一致。

（2）共享源文件。在 Photoshop 中复制智能对象，那么与此同时，被嵌入或者链接的源文件也同时被多个智能对象共享了。这也就意味着无论复制多少次智能对象，都可以通过修改源文件的形式对智能对象进行批量更新修改。

（3）使用智能滤镜。智能对象可以将滤镜转化为智能滤镜。这种可编辑的滤镜效果可以单独使用，也可以多个叠加一起使用。只有少数滤镜是无法用作智能滤镜的。

4.1.3 图层样式

Photoshop 为用户提供了多种图层样式以便快速地为图层添加特殊效果。在"图层"菜单下的"图层样式"提供了 10 种不同的特殊效果。10 种效果包括：投影、外发光、图案叠加、渐变叠加、颜色叠加、光泽、内阴影、内发光、斜面和浮雕以及描边。

同图层一样，图层样式也可以通过在"图层"面板中点击"眼睛"图标将图层样式隐藏起来，并可随时编辑或删除。可将效果拖拽至其他图层上，从而将图层样式应用到其他图层。

在菜单栏中选择"图层→图层样式"命令，或单击"图层"面板下方的"图层样式"按钮，可以在弹出的子菜单中选择一个图层效果，或双击"图层"面板上需要添加效果的图层的缩略图，会弹出"图层样式"面板，如图 4 – 20 所示。

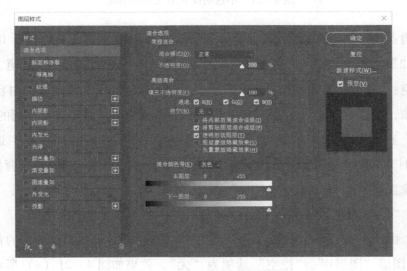

图 4 – 20　图层样式面板

1. 混合选项

（1）常规混合。混合模式中可以选择当前图层与之下图层的混合模式，拖动不透明度的滑杆或者输入数字可以改变当前图层的不透明度。

（2）高级混合。

①填充不透明度：调整填充不透明度，填充不透明度仅影响图层中原有的像素或图形，并不影响图层添加新样式后新像素的不透明度。例如，为图层添加了"斜面和浮雕"效果时，当调整填充不透明度时，原本的图像不透明度发生改变，而斜面与浮雕效果无任何变化，如图4-21所示。

图4-21 不透明度和填充不透明度

②通道：选择不同的通道执行混合，当前图像为RGB模式，所以显示R，G，B三个通道，如果将图像颜色模式改为CMYK，将会显示C，M，Y，K四个通道。

③挖空："挖空"选项用来设定某图层是否能够穿透看到其他图层的内容。"挖空"有三个选项，默认为"无"，表示没有挖空效果，"浅"和"深"表示不同的挖空程度。将"挖空"选项设置为"浅"，此时文字层的穿透仅图层组；将"挖空"选项设置为"深"，此时文字层能一直穿透至背景层，显示出背景层的图像。如果没有背景层，则显示为透明像素。

注意："挖空"选项只有在填充为0%的时候，挖空效果才能显现。

例如，由图4-21可以看到，图层分为"FUZZY"组，新建了深红色的背景"图层1"与透明图层"图层0"。"挖空"选项为"无"，效果如图4-21（a）所示；选项为"浅"，效果如图4-21（b）所示；选项为"深"，效果如图4-21（c）所示。

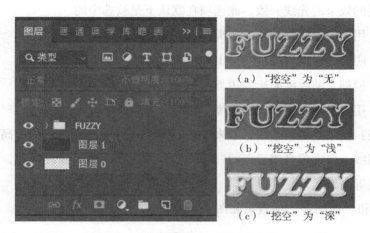

（a）"挖空"为"无"

（b）"挖空"为"浅"

（c）"挖空"为"深"

图4-21 混合选项"挖空"设定

2. 图层样式

在"图层样式"对话框中可设定10种不同的图层效果，可以将这些效果混合使用组合出不同的图层样式，利用"新建样式"存放在"样式"面板中随时调用。

（1）投影和内阴影。"投影"和"内阴影"的参数如图4-22所示。"投影"和"内阴影"基本相同，有两点不同之处：在"投影"选项中的"扩展"，在"内阴影"中而是"阻塞"；在"投影"中有"图层挖空投影"选项，而"内阴影"中没有。

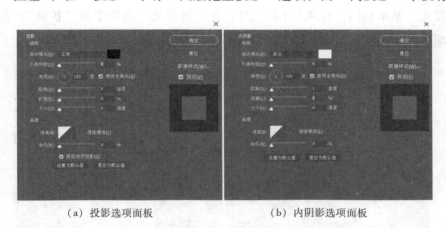

（a）投影选项面板　　　　　　　　（b）内阴影选项面板

图4-22 选项面板：投影与内阴影

①混合模式：可以选择阴影与其下图层的混合方式，默认为"正片叠底"，后面的方形色块代表阴影的颜色，默认为黑色，单击可以弹出调色板修改颜色。

②不透明度：用来设置图层效果的不透明度，拖动滑竿或输入数值可改动。

③角度：用来设定光照的角度方向，也就是阴影的投影方向，"使用全局光"可以

保证所有图层的效果的光线一致，此选项在默认下是被选中的。

④距离：用来设定阴影偏移的距离。

⑤扩展：阴影的模糊程度，当是 100% 时整个阴影呈实心显示。

⑥阻塞：模糊之前收缩阴影的边界。

⑦大小：用来设定阴影模糊的程度。

⑧等高线：使用其可以给阴影带来丰富的变换。可以使用内置的等高线样式，也可以自定义等高线。单击等高线后面的三角符号可以选择内置等高线样式，单击等高线图案可以自定义等高线。

"投影"和"内阴影"的效果如图 4 - 23（a）、图 4 - 23（b）所示。

(a) 投影效果   (b) 内阴影效果

图 4 - 23　投影与内阴影效果

（2）外发光和内发光。"外发光"和"内发光"的参数如图 4 - 24 所示。"外发光"和"内发光"基本相同，有两点不同之处：在"外发光"选项中的"扩展"，在"内发光"选项中而是"阻塞"；"内发光"选项中有"源"，"外发光"选项中没有。

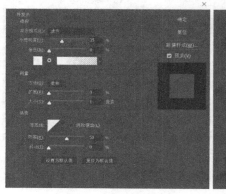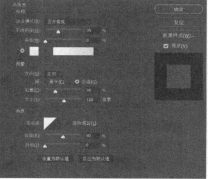

(a) 外发光选项面板   (b) 内发光选项面板

图 4 - 24　选项面板：外发光与内发光

①混合模式：可以选择发光样式与其下图层的混合方式。

②在"结构"一栏中有一个色块和一个渐变条，用来选择光晕的颜色，选择色块代

表纯色光晕，选择渐变条代表渐变光晕。单击渐变条右侧的小三角可以弹出"渐变"
面板。

③方法：是指软化蒙版的方法。从弹出的菜单中可以选择"柔和"和"精确"两个
选项。"精确"保留细节的性能优于"柔和"。

④扩展：设置光晕向外扩展的范围。

⑤阻塞：模糊之前收缩内发光的杂边边界。

⑥范围：控制发光的范围。

⑦抖动：是渐变的颜色和不透明度随机化。

外发光和内发光效果如图 4 – 25（a）、图 4 – 25（b）所示。

(a) 外发光效果　　　　　　　　(b) 内发光效果

图 4 – 25　外发光与内发光效果

（3）斜面和浮雕。"斜面和浮雕"可以让图
像产生立体效果，让图层看起来更有立体感，选
项面板如图 4 – 26 所示。

①样式：样式是"斜面和浮雕"的效果，共
有五种样式效果，分别是"外斜面""内斜面"
"浮雕""枕状浮雕"和"描边浮雕"。

"外斜面"是指在图像外边缘创建斜面，如
图 4 – 27（a）所示。"内斜面"是指在图像内侧
边缘创建斜面，如图 4 – 27（b）所示。"浮雕"
使图像内容呈现浮雕效果，如图 4 – 27（c）所
示。"枕状浮雕"创建出图像边缘压入下层图像

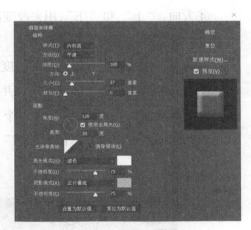

图 4 – 26　选项面板：斜面和浮雕

效果，如图 4 – 27（d）所示。"描边浮雕"将浮雕限于应用图层的描边效果边界，但如
果此时没有"描边"效果，则"描边浮雕"效果不可见，为了便于观看，我们为当前图
层加上"描边"效果，如图 4 – 27（e）所示。

②方法：单击"方法"右侧三角符号，可以选择"平滑""雕刻清晰"和"雕刻柔

（a）外斜面效果　　　　　　　　（b）内斜面效果

（c）浮雕效果　　　　　　　　（d）枕状浮雕效果

（e）描边浮雕效果

图 4-27　斜面与浮雕效果

和"的方法来产生立体效果。

③深度：指定斜面的深度，此数值越大，"斜面和浮雕"的立体感越强。

④方向："上"和"下"用来改变高光和阴影的位置。

⑤软化：可以对阴影造成模糊。

⑥高度：用来设定立体光源的高度。

⑦光泽等高线：创建表面光泽，并在遮蔽"斜面和浮雕"后应用。

⑧等高线面板："等高线"是一个单独的面板，如图 4-28（a），调整等高线的方式可以用来创造更多的"斜面和浮雕"效果，如图 4-28（b）是调整等高线创造的玻璃文字效果。

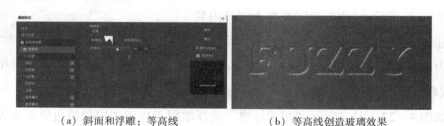

（a）斜面和浮雕：等高线　　　　　　（b）等高线创造玻璃效果

图 4-28　等高线控制面板及效果

⑨纹理面板："纹理"是一个单独的面板，如图 4-29（a），"纹理"面板可以为当前"斜面和浮雕"效果添加不同的纹理效果。

⑩图案：单击右侧的小三角，在弹出的面板中可以选择图案，也可以自定义图案，单击圆形小三角符号，会弹出内置的纹理图案分类，选择点击"确定"可以替换当前图案，"追加"可以补充到当前图案之后，如图4-29（b）。

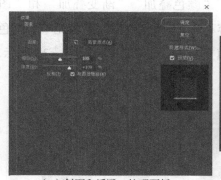

（a）斜面和浮雕：纹理面板 （b）纹理面板：纹理图案

图4-29　纹理面板与纹理图案

（4）光泽。"光泽"效果可以模拟光线在形体表面产生的映射效果，添加"光泽"样式可以使图像表面产生像丝绸或金属一样的光滑质感效果。光泽面板如图4-30（a）所示。

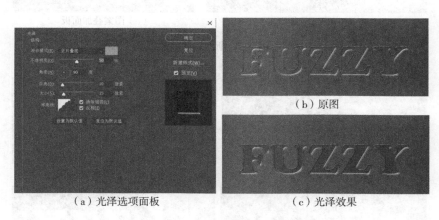

（a）光泽选项面板　　　　（b）原图
（c）光泽效果

图4-30　选项面板：光泽效果

①混合模式：可以选择光泽颜色与其下图层的混合方式。

②不透明度：用来设置图层效果的不透明度，拖动滑杆或输入数值可改动。值越大，效果越明显。

③角度：用来设置光泽效果的角度。

④距离：距离参数用来调整光泽效果的偏移距离。

⑤大小：大小参数用来设置光泽效果的半径和大小。

⑥等高线：光泽等高线，就是通过调整光泽的明暗分布、调整等高线的方式来创造更多的光泽效果。

（5）颜色叠加、渐变叠加和图案叠加。"颜色叠加""渐变叠加"和"图案叠加"都是为图像直接进行填充，但是填充的内容不同。"颜色叠加"是填充单一颜色，"渐变叠加"是填充渐变颜色，"图案叠加"是填充图案，选项面板如图 4 – 31 所示。添加叠加效果后的图像对比如图 4 – 32 所示。

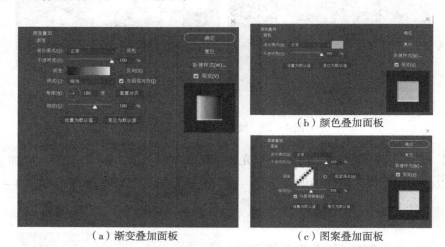

（a）渐变叠加面板　　　　　　　　（c）图案叠加面板

图 4 – 31　颜色叠加、渐变叠加和图案叠加面板

（a）原图　　　　　　　　　　（b）渐变叠加效果

（c）颜色叠加效果　　　　　　　（d）图案叠加效果

图 4 – 32　颜色叠加、渐变叠加和图案叠加效果

（6）描边。"描边"是为图像绘制边缘，其选项面板如图 4 – 33 所示。

①大小：描边的粗细程度。

②位置：可以对图像的三个部分进行描边，分别是"内部""外部"和"居中"。填充类型里可以对描边的填充进行设置。

（7）"样式"面板。当设置好各种图层效果后，为了方便以后其他的图像使用相同的样式集合，可以将其存放在"样式"面板中随时调用。执行"窗口→样式"命令，就可以弹出"样式"面板，如图 4 – 34 所示。

"样式"面板中已经有了一些预置的样式，也可以自定义图层样式。在"图层样式"对话框

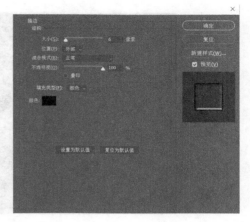

图 4 – 33　"描边"面板

中设定所需要的效果，然后单击"图层样式"对话框中的"新样式"，弹出"新建样式"对话框，如图 4 – 34（a）所示。在"新建样式"对话框中的"名称"栏输入样式的名称。

（a）"新建样式"对话框

图 4 – 34　"样式"面板

4.1.4　图层混合模式

在 Photoshop 中，一幅图像往往是由多个叠加在一起的图层所构成的。而图层的混合模式是指叠加图层中位于上层的图像和下层图像进行混合的方式，不同的混合模式叠加后的效果也不相同。

（1）设置图层的混合模式。在"图层"面板上，选择要更改混合模式的图层，单击左上方"正常"旁边的三角符号，打开下拉菜单，选择需要的混合模式，如图 4 – 35 所示。也可以双击图层面板上需要更改混合模式的图层，在弹出的"图层样式"面板中修改图层的混合模式。

（2）图层混合模式的类型。我们用两张图像来示例，图 4 – 36（a）是在上层的图

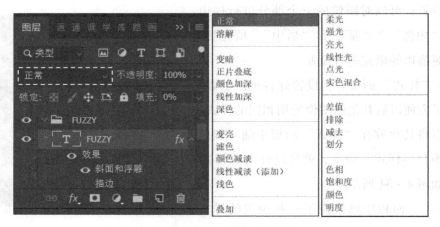

图 4 - 35　混合模式面板

像，图 4 - 36（b）是在下层的图像，改变图 4 - 36（a）的混合模式与图 4 - 36（b）进行混合。

（a）上层图像　　　　　　　　　　　（b）下层图像

图 4 - 36　图层混合的上下图层

　　正常模式（Normal 模式）：这是图层混合模式的默认方式，不和其他图层发生任何混合。使用时用当前图层像素的颜色覆盖下层颜色，如图 4 - 37（a）所示。

　　溶解模式（Dissolve 模式）："溶解"模式产生的像素颜色来源于上下混合颜色的一个随机置换值，与像素的不透明度有关。将目标层图像以散乱的点状形式叠加到底层图像上时，对图像的色彩不产生任何的影响。通过调节不透明度，可增加或减少目标层散点的密度，如图 4 - 37（b）所示。

　　变暗模式（Darken 模式）：该模式是混合两图层像素的颜色时，对这二者的 RGB 值（即 RGB 通道中的颜色亮度值）分别进行比较，取二者中低的值再混合为新的颜色，所以总的颜色灰度级降低，造成变暗的效果，用白色去合成图像时毫无效果，如图 4 - 37

（c）所示。

正片叠底模式（Multiply模式）：其原理和色彩模式中的减色原理是一样，考察每个通道里的颜色信息，并对底层颜色进行正片叠加处理，这样混合产生的颜色总是比原来的要暗。如果和黑色发生正片叠底的话，产生的就只有黑色。而与白色混合就不会对原来的颜色产生任何影响，如图4-37（d）所示。

颜色加深模式（Color Burn模式）：使用这种模式时，会加暗图层的颜色值，加上的颜色越亮，效果越细腻，让底层的颜色变暗。"颜色加深"有点类似于"正片叠底"，但不同的是，它会根据叠加的像素颜色相应增加底层的对比度。和白色混合没有效果，如图4-37（e）所示。

线性加深模式（Linear Burn模式）：同样类似于"正片叠底"，通过降低亮度，让底色变暗以反映混合色彩。和白色混合没有效果，如图4-37（f）所示。

(a) 正常模式　(b) 溶解模式　(c) 变暗模式
(d) 正片叠底模式　(e) 颜色加深模式　(f) 线性加深模式

图4-37　图层混合模式的类型（1）

深色模式（Darker Color模式）：深色模式是通过计算混合色与基色的所有通道的数值，然后选择数值较小的作为结果色。因此结果色只跟混合色或基色相同，不会产生出另外的颜色。白色与基色混合色得到基色，黑色与基色混合得到黑色。深色模式中，混合色与基色的数值是固定的，颠倒位置后，混合色出来的结果色是没有变化的，如图4-38（a）所示。

变亮模式（Lighten 模式）：与"变暗模式"相反，"变亮"混合模式是将两像素的 RGB 值进行比较后，取高值成为混合后的颜色，因而总的颜色灰度级升高，造成变亮的效果。用黑色合成图像时无作用，用白色时则仍为白色，如图 4 - 38（b）所示。

滤色模式（Screen 模式）：它与"正片叠底模式"相反，合成图层的效果是显现两图层中较高的灰阶，而较低的灰阶则不显现（即浅色出现，深色不出现），产生出一种漂白的效果。产生一幅更加明亮的图像，如图 4 - 38（c）所示。

颜色减淡模式（Color Dodge 模式）：使用这种模式时，会加亮图层的颜色值，加上的颜色越暗，效果越细腻。与"颜色加深模式"刚好相反，通过降低对比度，加亮底层颜色来反映混合色彩。与黑色混合没有任何效果，如图 4 - 38（d）所示。

线性减淡模式（Linear Dodge 模式）：类似于"颜色减淡模式"，但是通过增加亮度来使得底层颜色变亮，以此获得混合色彩。和黑色混合没有任何效果，如图 4 - 38（e）所示。

浅色模式（Lighter Color 模式）：浅色模式等同于变亮模式的结果色，比较混合色和基色的所有通道值的总和，并显示较亮的颜色。浅色模式不会生成第三种颜色（可以通过变亮模式混合获得），其结果色是混合色和基色当中明度较高的那层颜色，结果色不是基色就是混合色，如图 4 - 38（f）所示。

| (a) 深色模式 | (b) 变亮模式 | (c) 滤色模式 |
| (d) 颜色减淡模式 | (e) 线性减淡模式 | (f) 浅色模式 |

图 4 - 38　图层混合模式的类型（2）

叠加模式（Overlay 模式）：采用此模式合并图像时，综合了"相乘"和"屏幕"模式两种模式的方法。即根据底层的色彩决定将目标层的哪些像素以相乘模式合成，哪些像素以屏幕模式合成。合成后有些区域图变暗有些区域变亮。一般来说，发生变化的都是中间色调，高色和暗色区域基本保持不变，如图 4 - 39（a）所示。

柔光模式（Soft Light 模式）：作用效果如同是打上一层色调柔和的光，因而被我们称之为柔光。图像的中亮色调区域变得更亮，暗色区域变得更暗，图像反差增大类似于柔光灯的照射图像的效果，如图 4 - 39（b）所示。

强光模式（Hard Light 模式）：作用效果如同是打上一层色调强烈的光所以称之为强光，作用与正片叠底模式类似，如图 4 - 39（c）所示。

亮光模式（Vivid Light 模式）：调整对比度以加深或减淡颜色，取决于上层图像的颜色分布。如果上层颜色（光源）亮度高于50%灰，图像将被降低对比度并且变亮；如果上层颜色（光源）亮度低于50%灰，图像会被提高对比度并且变暗，如图 4 - 39（d）所示。

线性光模式（Linear Light 模式）：如果上层颜色（光源）亮度高于中性灰（50%灰），则用增加亮度的方法来使得画面变亮，反之用降低亮度的方法来使画面变暗，如图 4 - 39（e）所示。

(a) 叠加模式　　　　　　(b) 柔光模式　　　　　　(c) 强光模式

(d) 亮光模式　　　　　　(e) 线性光模式　　　　　　(f) 点光模式

图 4 - 39　图层混合模式的类型（3）

点光模式（Pin Light 模式）：按照上层颜色分布信息来替换颜色。如果上层颜色（光源）亮度高于 50% 灰，比上层颜色暗的像素将会被取代，而较之亮的像素则不发生变化。如果上层颜色（光源）亮度低于 50% 灰，比上层颜色亮的像素会被取代，而较之暗的像素则不发生变化，如图 4 - 39（f）所示。

实色混合模式（Hard Mix 模式）：此模式会使该图层图像的颜色会和下一层图层图像中的颜色进行混合，通常情况下，当混合两个图层以后结果是：亮色更加亮了，暗色更加暗了，降低填充不透明度建立多色调分色或者阈值，降低填充不透明度能使混合结果变得柔和，如图 4 - 40（a）所示。

差值模式（Difference 模式）：作用时，将要混合图层双方的 RGB 值中每个值分别进行比较，用高值减去低值作为合成后的颜色。所以这种模式也常使用，例如通常用白色图层合成一图像时，可以得到负片效果的反相图像。根据上下两边颜色的亮度分布，对上下像素的颜色值进行相减处理。比如，用最大值白色来进行差值运算，会得到反相效果（下层颜色被减去，得到补值），而用黑色的话不发生任何变化（黑色亮度最低，下层颜色减去最小颜色值 0，结果和原来一样），如图 4 - 40（b）所示。

排除模式（Exclusion 模式）：与"差值"模式作用类似，效果比"差值"模式要柔和，与白色混合得到反相效果，而与黑色混合没有任何变化，如图 4 - 40（c）所示。

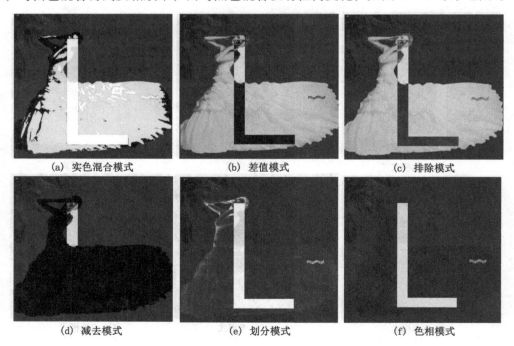

| (a) 实色混合模式 | (b) 差值模式 | (c) 排除模式 |
| (d) 减去模式 | (e) 划分模式 | (f) 色相模式 |

图 4 - 40　图层混合模式的类型（4）

减去模式（Subtract 模式）：减去模式的作用是查看各通道的颜色信息，并从基色中减去混合色。如果出现负数就归为零。与基色相同的颜色混合得到黑色；白色与基色混合得到黑色；黑色与基色混合得到基色，如图 4 - 40（d）所示。

划分模式（Divide 模式）：划分模式的作用是查看每个通道的颜色信息，并用基色分割混合色。基色数值大于或等于混合色数值，混合出的颜色为白色。基色数值小于混合色，结果色比基色更暗。因此结果色对比非常强。白色与基色混合得到基色，黑色与基色混合得到白色，如图 4 - 40（e）所示。

色相模式（Hue 模式）：合成两图层时，用当前图层的色相值去替换下层图像的色相值，而饱和度与亮度不变，如图 4 - 40（f）所示。

饱和度模式（Saturation 模式）：合成两图层时，用当前图层的饱和度去替换下层图像的饱和度，而色相值与亮度不变，如图 4 - 41（a）所示。

颜色模式（Color 模式）：兼有以上两种模式的功能，用当前图层的色相值与饱和度替换下层图像的色相值和饱和度，而亮度保持不变。决定生成颜色的参数包括：底层颜色的明度、上层颜色的色调与饱和度。这种模式能保留原有图像的灰度细节，能用来对黑白或者是不饱和的图像上色，如图 4 - 41（b）所示。

明度模式（Luminosity 模式）：合成两图层时，用当前图层的亮度值去替换下层图像的亮度值，而色相值与饱和度不变，该模式产生的效果与"颜色"模式刚好相反，如图 4 - 41（c）所示。

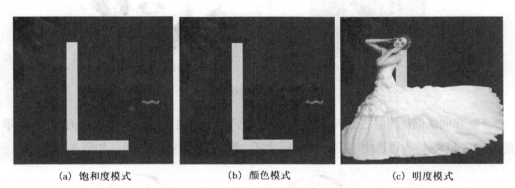

(a) 饱和度模式　　　　　(b) 颜色模式　　　　　(c) 明度模式

图 4 - 41　图层混合模式的类型（5）

4.2　案例分析

4.2.1　波普风格图片

本案例通过图像的混合模式将照片进行处理制作出波普风格。

（1）打开"第四章素材－梦露"，如图 4－42 所示。

（2）用钢笔工具把人像描出来，将路径转化为选区，并复制选区到新建图层，并将新建图层命名为"抠图"，如图 4－43 所示。

（3）在"抠图"图层上方新建曲线调整图层，增强黑白对比，如图 4－44 所示。

图 4－42　第四章素材－梦露

(a) 用钢笔勾勒人像　　　　　　(b) 路径转化为选区　　　　　　(c) 复制选区内容到新图层

图 4－43　新建选区并复制选区至新图层

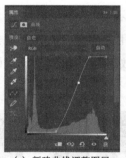 

(a) 新建曲线调整图层　　　　　　　　(b) 图像调整效果

图 4－44　新建曲线调整图层

（4）在曲线调整图层之上新建图层"湖蓝色"，图层混合模式为"正片叠底"，先填充湖蓝色（＃4dd0e1），再选中"抠图"图层选区，删去选区中的湖蓝色，如图 4－45 所示。

(a) 新建图层"湖蓝色"：正片叠底　　　　　(b) 删去"抠图"图层选区

图 4－45　新建填色图层：湖蓝色

（5）在"湖蓝色"图层之上新建图层"金黄色"，图层混合模式为"正片叠底"，图层用金黄色（#f9c53b）填色，用钢笔工具将脸与脖子勾出来，删去路径选区中的金黄色，如图4-46所示。

(a) 新建图层"金黄色"：正片叠底　　(b) 钢笔勾出路径　　(c) 删去路径选区

图4-46　新建填色图层：金黄色

（6）在"金黄色"图层上新建图层"粉色"，图层混合模式为"正片叠底"，在钢笔勾勒的脸和脖子选区填色粉色（#fad0da），如图4-47所示。

(a) 钢笔勾勒路径选区　　　　(b) 填充粉色图层：正片叠底

图4-47　新建填色图层：粉色

（7）在"粉色"图层上新建图层"眼影蓝色"，图层混合模式为"正片叠底"，用钢笔工具勾勒出眼影选区填色蓝色（#7acdeb），如图4-48所示。

(a) 钢笔勾勒路径选区：眼影　　　(b) 填充眼影蓝色图层：正片叠底

图4-48　新建填色图层：眼影蓝色

（8）在"眼影蓝色"图层上新建图层"口红红色"，图层混合模式为"正片叠底"，用钢笔工具勾勒出口红选区填色红色（#c8290c），如图4-49所示。

(a) 钢笔勾勒路径选区：口红　　　　　　(b) 钢笔勾勒路径选区

图 4-49　新建填色图层：口红红色

4.2.2　火焰文字

本案例通过图层样式制作火焰文字。

（1）新建图像文件，尺寸为 1000×1000 像素，分辨率为 300，背景颜色为黑色（#000000）。使用文字工具，字体大小为 180，字体为"SymbolProp BT"，输入数字"1"，如图 4-50 所示。

（2）双击"文字图层：1"，设置"外发光"效果，混合模式："滤色"，不透明度：75%，杂色：0%，颜色：红色（#ff0300），方法：柔和，扩展：0，大小：18，范围：50%，抖动：0%，如图 4-51 所示。

图 4-50　新建文字图层：1

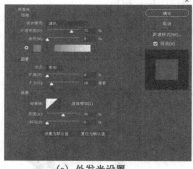 

(a) 外发光设置　　　　　　　　　　(b) 外发光效果

图 4-51　设置外发光效果

（3）双击"文字图层：1"，设置"颜色叠加"效果，颜色：褐色（#cd7e2e），不透明度：100%，如图 4-52 所示。

（4）双击"文字图层：1"，设置"光泽"效果，混合模式："正片叠底"，颜色：（#872d0f），不透明度：100%，角度：19，距离：12，大小：24，设置等高线，点选反

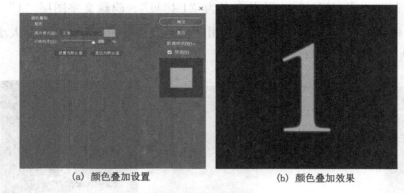

(a) 颜色叠加设置　　　　　(b) 颜色叠加效果

图 4 – 52　设置颜色叠加效果

向，如图 4 – 53 所示。

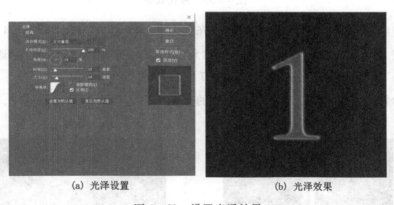

(a) 光泽设置　　　　　(b) 光泽效果

图 4 – 53　设置光泽效果

（5）双击"文字图层：1"，设置"内发光"效果，混合模式："颜色减淡"，不透明度：100%，杂色：0%，颜色：（#e5c23b），方法：柔和，源：边缘，阻塞：0%，大小：18，范围：50%，抖动：0%，如图 4 – 54 所示。

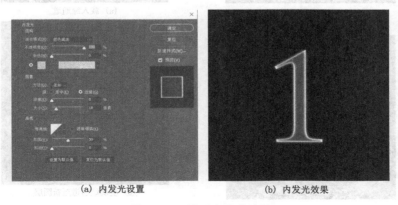

(a) 内发光设置　　　　　(b) 内发光效果

图 4 – 54　设置内发光效果

（6）复制"文字图层：1"，将其命名为"1 拷贝"，隐藏文字图层"1"。将"1 拷贝"图层删格化，执行"滤镜→液化"，用"向前变形工具"，设置画笔大小：40，笔压：100，浓度：23，如图 4-55 所示。

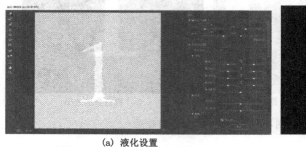

(a) 液化设置   (b) 液化效果

图 4-55 液化效果

（7）使用涂抹工具，设置画笔大小：176，强度：6%，进行涂抹，如图 4-56 所示。

（8）载入"第四章-素材-火焰"素材，进入通道面板，载入"绿通道"选区，复制"火焰"图层，空新图层，如图 4-57 所示。

（9）为新图层添加蒙版，擦去不需要的火焰部分，让火焰融合得更好，如图 4-58 所示。

图 4-56 涂抹效果

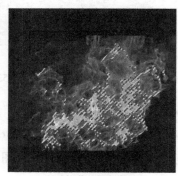

(a) 载入绿通道

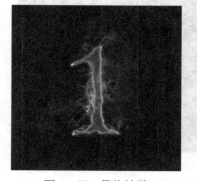

图 4-58 最终效果

(b) 复制绿通道至新图层

图 4-57 复制图层火焰

4.2.3 糖果文字

本案例通过图层样式制作糖果特效文字。

（1）新建图像文件，尺寸为 800 × 600 像素，分辨率为 72，选择背景颜色（#00b4c9），选择字体为"Cooper Black"，字体颜色：白色（#ffffff），输入文字"Candy"，如图 4 – 59 所示。

(a) 新建文件　　　　(b) 输入字体

图 4 – 59　创建文字图层

（2）在"Candy"字体图层上新建图层"纹理"，设置画笔大小：35，颜色：橙色（#feae03），画出条状纹理，向字体做剪切蒙版，如图 4 – 60 所示。

(a) 绘制橙色纹理图层　　　　(b) 制作剪切蒙版

图 4 – 60　绘制字体纹理

（3）隐藏背景图层，只留文字"Candy"图层与"纹理"图层，盖印两个图层（快捷键 Ctrl + Shift + Alt + E），命名为"Candy 效果"，设置"投影"效果，混合模式：正常，颜色：棕色（# 471700），角度：– 90°，距离：2，扩展：0%，大小：0，杂色：0%，如图 4 – 60 所示。

（4）选择"Candy 效果"图层，设置"外发光"效果，混合模式：正片叠底，颜色：棕色（# 3b1e02），不透明度：20%，方法：柔和，扩展：0%，大小：10，范围：

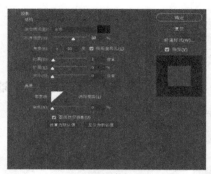
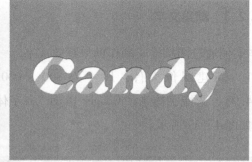

(a) 图层效果：投影   (b) 投影效果

图 4 - 60　设置投影效果

50％，抖动：0％，如图 4 - 61 所示。

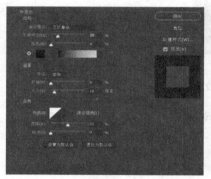

(a) 图层效果：外发光   (b) 外发光效果

图 4 - 61　设置外发光效果

(5) 选择"Candy 效果"图层，设置"光泽"效果，混合模式：叠加，颜色：白色
(＃ffffff)，不透明度：30％，角度：82，距离：11，大小：35，设置等高线，勾选反向，
如图 4 - 62 所示。

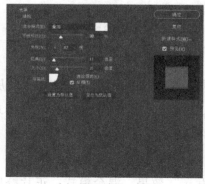

(a) 图层效果：光泽   (b) 设置光泽效果

图 4 - 62　设置光泽效果

（6）选择"Candy 效果"图层，设置"内发光"效果，混合模式：减去，颜色：褐色（#471700），不透明度：100%，杂色：0%，方法：柔和，阻塞：2，大小：16，范围：50%，抖动：0%，如图 4－63 所示。

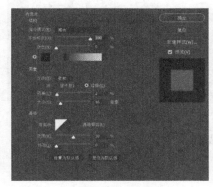

(a) 图层效果：内发光　　　　　　　　(b) 设置内发光效果

图 4－63　设置内发光效果

（7）选择"Candy 效果"图层，设置"内阴影"效果，混合模式：正片叠底，颜色：黑色（#000000），不透明度 18%，角度：－90°，距离：3，阻塞：21%，大小：3，设置等高线，如图 4－64 所示。

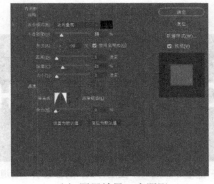

(a) 图层效果：内阴影　　　　　　　　(b) 设置内阴影效果

图 4－64　设置内阴影效果

（8）选择"Candy 效果"图层，设置"斜面和浮雕"效果，样式：内斜面，方法：平滑，深度：72%，方向：上，大小：15，阴影角度：－90°，高度：70°，设置光泽等高线，高光模式：颜色减淡，颜色：白色（#ffffff），不透明度：100%，阴影模式：正片叠底，颜色：灰色（#adadad），不透明度：75%，如图 4－65 所示。

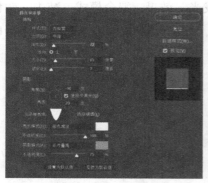 

（a）图层效果：斜面和浮雕　　　　　　　　（b）设置斜面和浮雕效果

图 4 - 65　完成效果

4.3　实战案例

4.3.1　故障字设计

（1）新建图像文件，尺寸为 800×600 像素，选择背景颜色为黑色（#000000），选择字体为"Arial Bold"，字体大小为 36，字体颜色为白色（#ffffff），输入字体"GLITCH"。

（2）复制字体"GLITCH"图层，重命名为"GLITCH 红"，双击图层进入图层样式，点掉通道 G，向左轻移图层。

（a）字体图层"GLITCH"　　（b）图层样式：混合选项→通道 G 隐藏　（c）图层样式：混合选项→通道 R 隐藏

（d）盖印图层→轻移选区　　　　　　　（e）绘制雪花点

图 4 - 66　故障字完成效果

（3）复制字体"GLITCH"图层，重命名为"GLITCH 蓝"，双击图层进入图层样式，点掉通道 R，向右轻移图层。

（4）隐藏黑色背景，盖印图层，在盖印图层上，用矩形选框选择，向左、向右移动，做出故障效果。

（5）新建图层，用矩形画出故障雪花效果，完成制作，如图 4 - 66 所示。

4.3.2 制作双重曝光海报

（1）打开"第四章 - 素材 - 模特"，用快速选择工具，选中模特，复制模特至新图层（快捷键 Crtl + J）并命名为"模特"。

（2）对"模特"图层去色，快捷键 Shift + Crtl + U。

（3）将"第四章 - 素材 - 山"拖入模特素材中，调整图层不透明度为 50%，执行"自由变换→水平翻转"，调整大小及位置至合适位置，调整图层不透明度为 100%。

（4）选中"模特"图层，按住 Ctrl 键选中"模特"选区，返回"双重曝光素材 2 -

（b）用快速选择工具选择人物

（b）去色并复制图层

（c）载入"素材-山"（不透明度 50%）

（d）添加蒙版（不透明度 100%）

（e）蒙版擦出面部

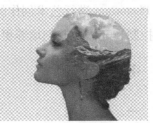
（e）添加过渡

（f）添加背景

（f）盖印图层擦掉边缘

图 4 - 67 完成效果

山"图层，添加图层蒙版，选择画笔工具，颜色：黑色（#000000），方法：柔边，画笔大小：300，不透明度：40%，在后脑和脖子部分画几笔把模特的脸画出来。

（5）复制"模特"图层，移至图层最上方，修改图层模式：变亮，不透明度：50%，添加图层蒙版，选择画笔工具，颜色：黑色（#000000），方法：柔边，画笔大小：300，不透明度：40%，添加一些过度。

（6）在背景图层之上新建图层，填充颜色：（#cfc8b6），盖印图层（快捷键 Ctrl + Shift + Alt + E），选择画笔工具，颜色：（#cfc8b6），方法：柔边，画笔大小：62，不透明度：40%，在头部边缘绘制，擦去头部边缘，完成制作，如图 4 - 67 所示。

4.4 小结

本章详细讲解了 Photoshop 图层部分的各类知识点，从图层的基本操作、图层的类型、图层的样式、图层的混合模式入手，进入了 Photoshop 的灵魂——"图层"的世界。很多人把"图层"比喻成一张张叠起来的透明胶片，这个比喻很形象，如果图层上没有图像（即图层透明的部分），我们就可以一直看到底下的图层，将这些胶片叠放在一起，就形成了一幅完整的图像。我们同样可以给胶片上层或某一层中插入一张特殊颜色的胶片（即调整图层），使其下的胶片呈现另外一种色调，也可以加入一层特殊纹理的胶片（即图层样式），让我们透过它所能看到的胶片都包含这种纹理。如果我们能这样形象地去理解图层，那使用起来会更加灵活。

最后本章通过案例重点介绍如何设置图层的样式和混合模式选项，使其成为我们借助 Photoshop 进行艺术创作的又一利器，但 Photoshop 终归只是工具，对于图像颜色的调整控制，还需要我们培养更高的艺术修养和色彩审美观才能表现。

4.5 习题

一、填空题

1. 若想将多个图层归为一类进行移动和编辑，我们可以使用_____命令。

2. 选中当前图层，并新建图层，则新建的图层位置在当前图层的_____。

3. 填充图层可以对图像填充_____、_____和_____。

4. _____样式可使当前图层产生立体效果。

二、选择题

1. 调整图层可将其效果应用于（   ）。

A. "图层"面板中所有图层　　　B. 其下一层

C. 其下所有图层　　　D. 其上一层

2. 下列描述中，（　　）不符合 Photoshop 图层的描述。

A. 用鼠标单击一个图层可使其高亮显示

B. 把图层直接拖移至新建图层按钮上可以复制图层

C. 用鼠标双击一个图层可打开图层选项面板

D. 图层上的物件不可以随意修改

3. 新建图层的快捷键是（　　）。

A. Shift + Ctrl + N　　　B. Ctrl + N

C. Shift + Ctrl + C　　　D. Ctrl + C

4. 下列哪一种类型的图层不能被合并？（　　）

A. 隐藏图层　　　B. 背景图层

C. 被锁定的图层　　　D. 处于某图层组中的图层

5. "等高线"样式是配合哪个样式使用的？（　　）

A. 投影　　　B. 外发光

C. 斜面和浮雕　　　D. 内阴影

6. 下列对调整图层描述错误的是（　　）。

A. 调整图层不能调整图层的混合模式

B. 调整图层可以调整不透明度

C. 调整图层可以选择与前一图层编组命令

D. 调整图层带有图层蒙版

7. 若想增加一个图层，但在图层调色板的最下面"创建新图层"的按钮是灰色不可选，原因是下列选项中的哪一个？（假设图像是 8 位/通道）（　　）

A. 图像是 CMYK 模式　　　B. 图像是双色调模式

C. 图像是灰度模式　　　D. 图像是索引颜色模式

8. 要将一幅彩色图像的颜色信息去除，转为灰色效果，不能采用的方法是（　　）。

A. 图像→调整→去色　　　B. 图像→模式→灰度

C. 图像→调整→色相/饱和度　　　D. 图像→调整→色阶

三、判断题

1. 背景图层不可以用画笔对其进行操作。　　　（　　）

2. 文字图层可以随意放大缩小而不产生锯齿边。　　　（　　）

3. "投影"样式不可以更改投影颜色。　　　　　　　　　　　　　（　　）

4. "渐变填充"可以选择填充的颜色但不能选择填充的类型。　　　（　　）

四、简答题

普通图层和背景图层有什么区别？

第5章　文字效果

5.1　文字效果的基本操作方法

在图像处理过程中经常需要为图像添加文字，甚至以文字作为设计主体，本章主要介绍了文字的各种创建、修改方式以及相关文字特效的制作方法。通过学习本章内容，可以对文字的创建、修改及文字图层的转换有具体深入的了解，并且学习到如何为文字制作特殊效果。

5.1.1　创建文字图层

在 Photoshop 软件中可以通过三种方法创建文字：点文字创建、段落文字创建以及路径文字创建。

点文字创建：点文字是一个水平或垂直文本行，从图像中单击的位置开始，如果要向图像中添加少量文字，选择点文字文本创建。

段落文字创建：在定界框内输入文字、可自动换行、调整文字区域大小等，用于处理文字量较大的文本。

路径文字创建：是指沿着开放或封闭的路径的边缘流动的文字。当沿水平方向输入文本时，字符将沿着与基线垂直的路径创建。

1. 输入点文字

点文字是一个水平或垂直文本行，当输入点文字时，每行文字都是独立的，行的长度会随着编辑增加或缩短，但不会自动换行，输入的文字即出现在新的文字图层中。具体操作如下：

（1）选择横排文字工具**T**或直排文字工具**↓T**。如图 5 – 1
所示。

图 5 – 1　横排及直排文字

（2）在图像中单击，为文字设置插入点，此时自动生成文
字图层，如图 5 – 2 所示。I 型光标中的小线条标记的是文字基
线的位置。对于直排文字，基线标记的是文字字符的中心轴。

（3）在选项栏的"字符"面板或"段落"面板中调整文
字选项。

（4）输入字符，要开始新的一行，按 Enter 键。

（5）输入或编辑完成文字后，执行下列操作之一即可完
成文字的创建：单击选项栏中的"提交"按钮或按 Ctrl + En-
ter 组合键。

图 5 – 2　文字图层

注意：可以在编辑模式下变换点文字：按住 Ctrl 键，文
字周围将出现一个外框，可以通过手柄缩放或倾斜文字。

2. 输入段落文字

使用"横排文字工具"**T**或"竖排文字工具"**↓T**单击并拖动鼠标拖出一个定界框，
或者在拖动鼠标时按住 Alt 键，可以精确设置段落区域的高度和宽度。输入段落文字时，
文字基于外框的尺寸换行。可以输入多个段落并选择段落调整选项。可以通过调整外框
的大小，使文字在调整后的矩形内重新排列。

（1）沿对角线方向拖动，可以为段落文字定义一个外框。单击或拖动时按住 Alt 键，
会显示"段落文本大小"对话框，输入"宽度"值和"高度"值，可以精确设置段落
区域的高度和宽度。

（2）在选项栏的"字符"面板、"段落"面板或文字菜单中选择其他文字选项。

（3）输入字符，如果输入的文字超出外框所能容纳的大小，外框上将出现溢出图
标**⊞**。

（4）可调整外框的大小，旋转或斜切外框。

（5）通过执行下列操作之一来提交文字图层：单击选项栏中的"提交"按钮**✓**或按
Ctrl + Enter 组合键。

5.1.2　修改文字图层

1. 调整文字外框的大小或变换文字外框

当文字工具**T**处于编辑模式时，当鼠标指针变成 **⌶**时可以输入、选择并编辑字符。

按住 Ctrl 键，文字周围将出现一个外框，如图 5 - 3 所示。要调整外框的大小，可以将指针定位在手柄上。当指针将变为双向箭头时并拖动，按住 Shift 键拖动可保持外框的比例。要旋转外框，可以将指针定位在外框外，当指针变为弯曲的双向箭头时并拖动，按住 Shift 键拖动可将旋转限制为按 15 度增量进行。更改旋转中心，可以按住 Ctrl 键并将中心点拖动到新位置。中心点可以在外框外。要斜切外框，可以按住 Ctrl 键并拖动一个中间手柄。当指针将变为一个箭头 ▶ 时对文字进行斜切。要在调整外框大小时缩放文字，可以按住 Ctrl 键并拖动角手柄。

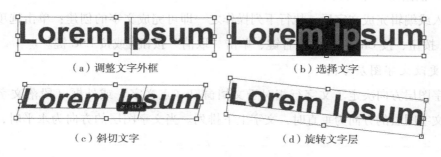

（a）调整文字外框　　　　　　　　　　（b）选择文字

（c）斜切文字　　　　　　　　　　（d）旋转文字层

图 5 - 3　修改文字图层

2. 点文字与段落文字之间转换

点文字可以转换为段落文字，可以在外框内调整字符排列。段落文字也可以转换为点文字，以便使各文本行彼此独立地排列，段落文字转换为点文字时，除了最后一行外，每个文字行的末尾都会添加一个回车符。

点文字和段落文字可以互相转换，在"图层"面板中选择"文字"图层。鼠标右键选择"文字"图层，选择"转换为段落文本"或"转换为点文本"，如图 5 -4 所示。

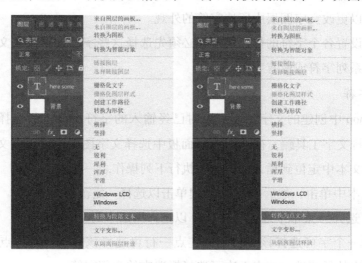

图 5 - 4　点文字与段落文字之间转换

3. 编辑文本

选择横排文字工具**T**或直排文字工具**IT**，在"图层"面板中选中文字图层或者在Photoshop的图像操作区的文本中单击可以自动选择文字图层。在文本流中定位插入点，可以执行下列操作：

（1）单击可以设置插入点。

（2）选择要编辑的一个或多个字符。

（3）根据需要输入文本。

输入或编辑完成文字后，执行下列操作之一即可完成文字的创建：单击选项栏中的"提交"按钮、按 Ctrl + Enter 组合键、单击"取消"按钮**◎**或按 ESC 键。

4. 更改文字图层方向

文字图层方向决定了文字行相对于文档窗口（点文字）或外框（段落文字）的方向。当文字图层的方向为垂直时，文字上下排列。当文字图层的方向为水平时，文字左右排列。

需要更改文字图层方向，需在"图层"面板中选择"文字"图层。执行下列操作之一：

（1）选择一个文字图层，单击选项栏中的"文本方向"按钮**IT**。

（2）在"文字"菜单中选择"文本排列方向"，选取"横向"或选取"纵向"更改文字图层的方向。

5. 设置字符格式

创建文字图层时，既可以在输入字符之前设置文字属性，也可以在输入之后重新设置文字属性，以更改文字图层中所选字符的外观。

注意：在设置各个字符的格式之前，必须先选择这些字符。可以在文字图层中选择一个字符、一系列字符或所有字符。

6. 选择字符

在 Photoshop 中创建的文字图层可以对已经输入的字符进行重新选择。选择横排文字工具**T**或直排文字工具**IT**，在"图层"面板中选择文字图层或者单击文本以自动选择文字图层。在文本中定位到插入点，然后执行下列操作之一：

（1）在文本中单击，然后按住 Shift 键单击以选择一定范围的字符。

（2）在"选择"菜单中选择"全部"以选择图层中的全部字符。

（3）双击一个字可选择该字；三次连点一行可选择该行；四次连点一段可选择该段；在文本流中的任何地方连点五次可选择框选中的全部字符。

（4）在文本中单击，然后按住 Shift 键并按右箭头键或左箭头键，则可以用箭头键选择字符。

（5）在"图层"面板中选择文字图层，然后双击图层的文字图标，则可以选择图层中的全部字符。

7. 字符面板概述

"字符"面板提供用于设置字符格式的选项。通过"窗口"菜单，调用"字符"面板选项卡，如图5-5所示。要在"字符"面板中设置某个选项，可以点击右侧的█，在弹出菜单中选取一个值。或者可以直接在文本框中编辑值。按 Enter 键可应用设置。按 Shift + Enter 组合键可应用设置并随后高光显示刚才的设置。按 Tab 键可应用设置并移到面板中的下一个字符面板的文本框设置。

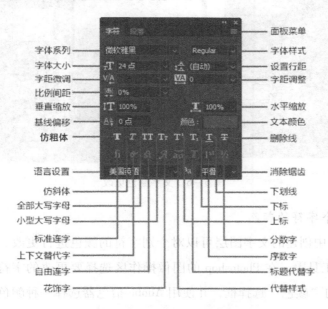

图5-5 字符面板介绍

8. 指定文字大小

文字大小指的是文字在图像中显示的大小。文字的默认度量单位是点。一个点相当于72ppi图像中的1/72英寸。可以在"编辑"菜单中的"首选项"对话框的"单位和标尺"区域中更改默认的文字度量单位。

9. 选取文字大小

在"字符"面板或选项栏中，为"大小"输入或选择一个新值。

10. 更改文字颜色

在 Photoshop 中创建的文字图层默认采用当前的前景色渲染所输入的文字。文字图层可以在输入文字之前或之后更改文字颜色。在编辑现有文字图层时，也可以更改图层中个别选中字符的颜色。更改文字颜色，可以执行下列操作：

（1）单击选项栏或"字符"面板中的"颜色"选择框，并使用 Adobe 拾色器选择一种颜色。要用前景色填充，请按 Alt + Delete 组合键；要用背景色填充，请按 Ctrl + Delete 组合键。

（2）在"图层样式"中选择应用"颜色""渐变叠加"或"图案叠加"应用在文字图层中，"图层样式"设置会影响文字图层中的所有字符。

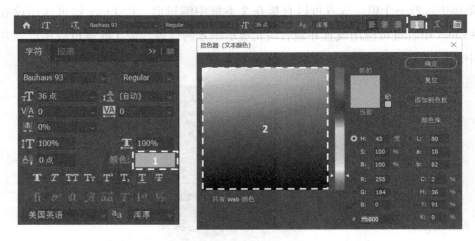

图 5 – 6　文字颜色更改

11. 更改各个字符的颜色

在 Photoshop 中创建的文字图层可以对个别字符的颜色进行更改。选择横排文字工具 ▣ 或直排文字工具 ▣，在 Photoshop 的图像操作区选择要更改的字符，单击选项栏或"字符"面板中的"颜色"选择框，并使用 Adobe 拾色器选择一种颜色，单击"确定"。新的颜色将会替换选项栏以及选定字符中的初始颜色。

注意：只有在取消选择字符或选择其他内容后，才能看到字符更改的新颜色。

12. 文本加下划线或删除线

在 Photoshop 中可以在横排文字下方或直排文字添加下划线或删除线。线的颜色与文字颜色相同。在横排文字下方或直排文字添加下划线或删除线，可以执行下列操作：

（1）选择要加下划线或删除线的文字。

（2）要为水平文字加下划线，可单击"字符"面板中的"下划线"按钮 ▣。

注意：只有当选中包含直排文字的文字图层时，单击选取"字符"面板中 ▣ 的下拉菜单中的"下划线左侧"或"下划线右侧",可以对左侧或右侧应用下划线。

（3）要对横排文字应用水平线或对直排文字应用删除线,既可以单击"字符"面板中■的"删除线"按钮,也可以从"字符"面板菜单中选取"删除线"■。

13. 行距和更改默认的自动行距百分比

各个文字行之间的垂直间距称为行距。对于罗马文字,行距是从一行文字的基线到它的上一行文字的基线的距离。基线是一条看不见的直线,大部分文字都位于这条线的上面。

注意：同一段落中可以应用一个以上的行距量；但是,文字行中的最大行距值决定该行的行距值。

在 Photoshop 创建的文字图层行距一般设置为"自动行距"，如果需要更改行距,可以输入新的默认百分比。

14. 字距微调和字距调整

字距微调是增加或减少特定字符之间的间距的过程。字距微调可以执行下列操作：

（1）若要为选定字符使用字体的内置字距微调信息,请在"字符"面板中为"字距微调"选项选择"度量标准"。

（2）若要根据字符形状自动调整选定字符间的间距,请在"字符"面板中为"字距微调"选项选择"视觉"。

（3）若要手动调整字距微调,请在两个字符间放置一个插入点,并在"字符"面板中为"字距微调"选项设置所需的数值。

注意：按 Alt + 左/右箭头可减小或增大两个字符之间的字距微调。若要为选定字符关闭字距微调功能,请将"字符"面板中的"字距微调"选项设置为 0。

字距调整是放宽或收紧选定文本或整个文本块中字符之间的间距的过程。字距调整可以执行下列操作：

（1）选择要调整的字符范围或文字对象。

（2）在"字符"面板中,设置"字距调整"选项。

15. 基线偏移

在 Photoshop 创建的文字图层可以使用"基线偏移"调整文字的下边线的偏移量。基线偏移可以执行下列操作：

（1）选择要更改的字符或文字对象。如果未选择任何文本,偏移便会应用于创建的新文本。

（2）在"字符"面板中，设置"基线偏移"选项 。输入正值会将字符的基线移到文字行基线的上方；输入负值则会将基线移到文字基线的下方，如图 5 - 7 所示。

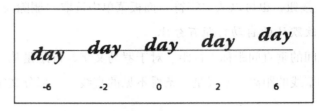

图 5 - 7　具有不同"基线偏移"值的文字

16. 缩放和旋转文字

（1）调整文字缩放比例。Photoshop 中有三种方式来调整文字的缩放比例：等比例缩放、调整水平缩放比例与垂直缩放比例。

等比例缩放：可以通过设置文字大小以及选中文字图层，自由变换（快捷键 Ctrl + T）将文字外的变形框进行拖拽，就可以将文字调整到自己需要的大小。

调整水平缩放比例：可以相对字符的原始宽度，指定文字宽度的比例。未缩放字符的值为 100%。选择要更改的字符或文字对象。如果未选择任何文本，缩放比例会应用于所创建的新文本。在"字符"面板中，设置"水平缩放"选项 。

调整垂直缩放比例：可以相对字符的原始高度，指定文字高度的比例。未缩放字符的值为 100%。选择要更改的字符或文字对象。如果未选择任何文本，缩放比例会应用于所创建的新文本。在"字符"面板中，设置"垂直缩放"选项 。

（2）旋转文字。Photoshop 中有三种方式来旋转文字：既可以使用"旋转"命令、"自由变换"命令（快捷键 Ctrl + T），也可以当文字工具 处于编辑模式时，按住 Ctrl 键选择外框并使用手柄来手动旋转文字。

17. 设置段落格式

段落文字是基于文本框而输入的文字，使用文字工具创建文本框后，文本框中将会显示一个文字插入点光标，可以在此输入一段或多段文字，当输入的文字超出文本框的界定宽度后，将自动进行换行，使文字以文本框的大小进行排列。

（1）段落面板概述。使用"段落"面板可更改列和段落的格式设置。要显示该面板，在"窗口"菜单栏中的"段落"选项。如果"段落"面板可见但不是现用面板，可以单击"段落"面板选项卡 显示"段落"面板。也可以选择文字工具并单击选项栏中的"面板"按钮 ，如图 5 - 8 所示。

注意：在"段落"面板中设置带有数字值的选项，既可以使用向上和向下箭头键进

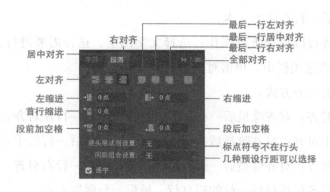

图5-8 "段落"面板介绍

行微调，也可以直接输入数值进行调整。在输入完数值后按 Enter 键可应用值，按 Shift + Enter 组合键应用值并随后高光显示刚刚编辑的值，按 Tab 键可应用值并移到面板中的下一个调整选项框。

（2）指定对齐方式。段落文字可以将文字与段落的某个边缘对齐，段落文字对齐可以执行下列操作：选择文字图层，选择需要进行文字对其的段落，在"段落"面板或选项栏中，单击对齐选项。

①横排文字的对齐方式：

左对齐文本：段落文字沿水平方向向左对齐的一种对齐方式。左对齐使段落文字左侧具有整齐的边缘。

居中对齐文本：段落文字沿水平方向向中间集中对齐的一种对齐方式。居中对齐使段落文字整齐地向中间集中，使整个段落整齐地在页面中间显示。

右对齐文本：段落文字沿水平方向向右对齐的一种对齐方式。右对齐使段落文字右侧具有整齐的边缘。

②直排文字的对齐方式：

顶对齐文本：段落文字沿垂直方向顶端对齐的一种对齐方式。顶对齐使段落文字顶部具有整齐的边缘。

居中对齐文本：段落文字沿垂直方向中间集中对齐的一种对齐方式。居中对齐使段落文字整齐地向中间集中，使整个段落整齐地在页面中间显示。

底对齐文本：段落文字沿垂直方向底端对齐的一种对齐方式。顶对齐使段落文字底部具有整齐的边缘。

（3）指定段落文字对齐。段落文字中当文本同时与两个边缘对准时，被称之为两端对齐。Photoshop 在两端对齐时可以选择对齐段落中除最后一行外的所有文本，也可以对齐段落中包括最后一行在内的文本。

段落文字对齐可以执行下列操作：选择文字图层，选择需要进行文字对其的段落，在"段落"面板或选项栏中，单击对齐选项。

①横排段落的对齐方式：

最后一行左对齐：对齐除最后一行外的所有行，最后一行左对齐。

最后一行居中对齐：对齐除最后一行外的所有行，最后一行居中对齐。

最后一行右对齐：对齐除最后一行外的所有行，最后一行右对齐。

全部对齐：对齐包括最后一行的所有行，最后一行强制对齐。

②直排段落的对齐方式：

最后一列顶对齐：对齐除最后一列外的所有列，最后一列顶对齐。

最后一列居中对齐：对齐除最后一列外的所有列，最后一列居中对齐。

最后一列底对齐：对齐除最后一列外的所有列，最后一列底对齐。

全部对齐：对齐包括最后一列的所有列，最后一列强制对齐。

注意：路径上文字的对齐指的是从插入点开始，在路径末尾结束。

（4）缩进段落。缩进是指定文字与外框之间或与包含该文字的行之间的间距量。缩进只影响选定的一个或多个段落，因此可以为各个段落设置不同的缩进，选择文字图层，选择要影响的段落，在"段落"面板中，为缩进选项输入值：

①左缩进：从段落的左边缩进。对于直排文字，此选项控制从段落顶端的缩进。

②右缩进：从段落的右边缩进。对于直排文字，此选项控制从段落底部开始的缩进。

③首行缩进：缩进段落中的首行文字。对于横排文字，首行缩进与左缩进有关；对于直排文字，首行缩进与顶端缩进有关。要创建首行悬挂缩进，请输入一个负值。

④设置段落间距：在"段落"面板中，调整"段前添加空格" 和"段后添加空格" 的值。

18. 沿路径或在路径内创建文字

在 Photoshop 中，可以创建路径文字，除了可在封闭路径内部创建文字外，还可将文字沿路径放置，并通过对路径的修改，达到调整文字组成图形的效果，从而创建出更为多变的文字编排效果。

（1）沿路径输入文字。在 Photoshop 中可以根据设计需要可以沿路径边缘输入文字。在 Photoshop 中沿路径输入文字可以执行下列操作：

①选择横排文字工具 或直排文字工具 。

②定位指针，使文字工具的基线指示符位于路径上，然后单击。单击后，路径上会出现一个插入点，如图 5 – 9 所示。

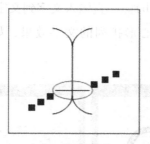
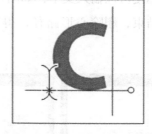

（a）文字工具的基线指示器　　　　（b）基线指示器位于路径上的文字工具

图 5 – 9　延路径输入文字

③输入文字。横排文字沿着路径显示，与基线垂直。直排文字沿着路径显示，与基线平行。

注意：使用"字符"面板中的"基线偏移"，控制文字在路径上的垂直对齐方式，例如，在"基线偏移"文本框中键入负值可使文字的位置降低。

（2）沿路径移动或翻转文字。在 Photoshop 中沿路径输入的文字可以沿路径移动或翻转文字。在 Photoshop 沿路径移动或翻转文字可以执行下列操作：

①选择直接选择工具或路径选择工具，并将其定位到文字上。指针会变为带箭头的 I 型光标。

②要移动文本，单击并沿路径拖动文字。拖动时请小心，以避免跨越到路径的另一侧。

③要将文本翻转到路径的另一边，单击并横跨路径拖动文字，如图 5 – 10 所示。

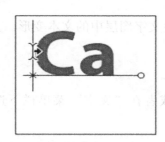
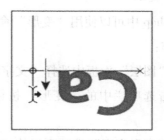

图 5 – 10　使用"直接选择"工具或"路径选择"工具在路径上翻转和移动文字

注意：要在不改变文字方向的情况下将文字移动到路径的另一侧，可以使用"字符"面板中的"基线偏移"选项。可以在"基线偏移"文本框中输入一个负值，以便降低文字位置，使文字沿路径内侧排列。

（3）在闭合路径内输入文字。创建一个闭合的路径，如图 5 – 11（a），此处创建了一个心形闭合路径，将指针放置在该路径内任意想要开始创建字体的位置，此时路径上出现闪动的光标便可以输入文字，如图 5 – 11（b）。一直输入文字到文字起始位置为止，此时文字输入结束，删除心形路径，得到最终心形排列的文字效果，如图 5 – 11（c）所示。

 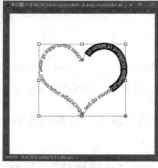 

（a）创建心形闭合路径　　　（b）在闭合路径上输入文字　　　（c）路径创建文字最终效果

图 5 – 11　在闭合路径内输入文字

（4）移动文字路径。选择路径选择工具或移动工具，单击并将路径拖动到新的位置。如果使用路径选择工具，请确保指针未变为带箭头的 I 型光标，否则，文字将会沿着路径移动。

（5）改变文字路径的形状。选择直接选择工具，单击路径上的锚点，然后使用手柄改变路径的形状。请确保指针未变为带箭头的 I 型光标，否则，文字将会沿着路径移动。

19．文字变形

在 Photoshop 中可以使用"变形"命令来使文字图层中的文本变形。文字变形可以执行下列操作：

（1）在"图层"面板中选择"文字"图层。

（2）单击选项栏中的"变形"按钮，或者在"文字"菜单栏下选择"文字变形"。

（3）在"变形文字"选项面板的"样式"中选取一种变形样式。选择变形效果的方向："水平"或"垂直"，"弯曲"选项指定对图层应用变形的程度，"水平扭曲"或"垂直扭曲"选项对变形应用透视。

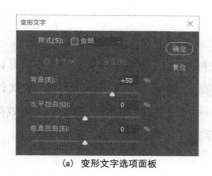

(a) 变形文字选项面板

(b) 原效果

(c) 鱼眼效果

图 5 – 12　文字变形

20. 基于文字创建工作路径

在 Photoshop 中可以将文字字符转换为工作路径，工作路径是出现在"路径"面板中的临时路径，用于定义形状的轮廓。可以像处理任何其他路径一样对该路径进行存储和操作。原始文字图层将保持不变。

基于文字创建工作路径执行下列操作：

（1）在"图层"面板中选择"文字"图层。

（2）单击鼠标右键，选取"创作工作路径"。

21. 将文字转换为智能形状

在 Photoshop 中可以将文字图层转化为智能对象，将文字转换为智能形状可以执行下列操作：

（1）在"图层"面板中选择"文字"图层。

（2）单击鼠标右键，选取"栅格化文字"。

22. 创建文字选区边界

在 Photoshop 中可以使用"横排文字蒙版"工具或"直排文字蒙版"工具，创建一个文字形状的选区。文字选区显示在现用图层上，可以像任何其他选区一样进行移动、拷贝、填充或描边。

创建文字选区边界可以执行下列操作：

（1）选择希望选区出现的图层。为获得最佳效果，需要在普通的图像图层上而不是文字图层上创建文字选框。如果要填充或描边文字选区边界，需要在新的空白图层上创建。

（2）选择"横排文字蒙版"工具或"直排文字蒙版"工具。

（3）选择其他的文字选项，并在某一点或在外框内输入文字。

注意：输入文字时现用图层上会出现一个红色的蒙版。单击"提交"按钮之后，文字选区边界将出现在图层中。

23. 创建文字效果

在 Photoshop 中可以对文字图层执行各种操作以更改其外观。例如，可以使文字变形，将文字转换为形状或向文字添加图层效果。Photoshop 同时还会附带默认"文本效果"动作，可以通过从"动作"面板菜单选取"文本效果"来访问这些效果。可以通过"播放选定动作"简单地创建出一个文字效果。

5.1.3 文字图层转换

1. 点文字与段落文字相互转换

点文字与段落文字可以相互转换，在 Photoshop 中可以将点文字转换为段落文字，以便在外框内调整字符排列。也可以将段落文字转换为点文字，以便使各文本行彼此独立地排列。将段落文字转换为点文字时，除了最后一行的每个文字行的末尾都会添加一个回车符。

点文字与段落文字相互转换可以执行下列操作：

（1）在"图层"面板中选择"文字"图层。

（2）单击鼠标右键，选取"转换为点文本"或"转换为段落文本"。

注意：将段落文字转换为点文字时，所有溢出外框的字符都被删除。要避免丢失文本，需要调整外框，使全部文字在转换前都可见。

2. 栅格化文字图层

在 Photoshop 中某些命令和工具（如滤镜效果和绘画工具）不可用于文字图层。因此在应用命令或使用工具之前将文字图层通过栅格化图层的命令转换为正常图层，栅格化后的图层内容不能再作为文本编辑。

栅格化文字图层可以执行下列操作：

（1）在"图层"面板中选择"文字"图层。

（2）单击鼠标右键，选取"栅格化文字"。

注意：文字图层进行了需要进行栅格化的更改之后，Photoshop 会将基于矢量的文字轮廓转换为像素。栅格化后的文字图层不再具有矢量轮廓并且再不能作为文字进行编辑。

5.2 案例分析

5.2.1 彩块字的制作

（1）新建图像文件，尺寸为 1000×1000 像素，输入文本"YLZY"（填充白色），大小为 84 像素，字体为 "Franklin Gothic Heavy"。

（2）字体的颜色设置为白色（# ffffff），给字体添加一个黑色（# 000000）描边，描边大小 5 像素，位置内部，如图 5 - 13 所示。

图 5 - 13　描边效果设置

（3）栅格化文字，将图层重命名为 "YLZY"，前景颜色：黑色（# 000000），背景颜色：白色（# ffffff），执行 "滤镜→滤镜库→彩色玻璃"，单元格大小：13，边框粗细：4，光照强度：10，如图 5 - 14 所示。

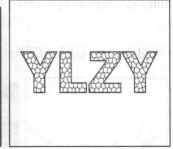

图 5 - 14　彩色玻璃滤镜设置

（4）"魔棒工具" 在工具选项栏不选择 "只对连续像素取样"，点击 "YLZY" 图层中纹理内部的空白部分，删除空白部分。

（5）在 "YLZY" 图层之下新建空白图层，命名为 "涂色"，"魔棒工具" 在工具选项栏勾选 "只对连续像素取样" "从复合图像中进行颜色取样"，用魔术棒选区单个网格的选区，用油漆桶填充自己想要的颜色，其他网格都用同样的方法填色。

（6）隐藏背景图层，盖印可见图层（快捷键 Ctrl + Shift + Alt + E），自由变换（快捷键 Ctrl + T），选择 "垂直翻转"，将图层命名为 "阴影"，执行 "滤镜→模糊→高斯模糊"，模糊数值：2.3，图层不透明度：20%，添加蒙版，在蒙版上做黑白的径向渐变，完成制作，如图 5 - 15 所示。

图 5－15　彩块字完成效果

5.2.2　针织文字的制作

（1）新建图像文件，尺寸为 1000×1000 像素，输入文本"YLZY"［填充颜色（#a6a6a6）］，大小为 80 像素，字体为"Cooper Black"。

（2）给字体设置"图层样式→斜面和浮雕"，样式：内斜面，方法：平滑，深度：100%，方向：上，大小：13，软化：2，角度：120，高度：30，高光模式：叠加［颜色（#ffffff）］，不透明度：75%，阴影模式：正片叠底［颜色（#adadad）］，不透明度：75%。

（3）勾选"等高线"，范围：50%，如图 5－16 所示。

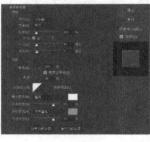

图 5－16　斜面和浮雕设置

（4）勾选"纹理"，载入素材"布纹图案"，缩放：100%，深度：−57%。

（5）给字体设置"图层样式→图案叠加"，载入素材"布纹图案"，不透明度：100%，缩放：100%，如图 5－17 所示。

（6）给字体设置"图层样式→内阴影"，混合模式：正片叠底［颜色（#000000）］，不透明度：75%，角度：120，距离：0，阻塞：0%，大小：27。

（7）给字体设置"图层样式→投影"，混合模式：正常［颜色（#000000）］，不透明度：65%，角度：−147，距离：0，扩展：21%，大小：9，完成制作，如图 5－18 所示。

图 5 – 17　纹理与图案叠加设置

图 5 – 18　布纹字完成效果

5.2.3　卡通游戏风格字体的制作

（1）新建图像文件，尺寸为 1000 × 1000 像素，分别输入文本"G""O""!"［填充颜色（# f4a214）］，大小为 40 像素，字体为"Arial Black"。

（2）选中"G"，自由变换向左，"O""!"自由变换向右。

（3）给字体设置"图层样式→渐变叠加"，颜色：（#f4a317，#ffeb50），不透明度：100%，样式：线性，角度：90，缩放：100%，如图 5 – 19 所示。

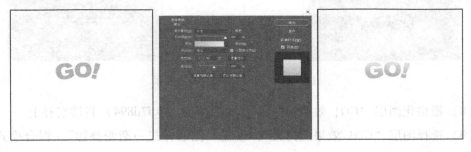

图 5 – 19　渐变叠加效果

（4）给字体设置"图层样式→描边"，大小：4，位置：居中，不透明度：100%，颜色：黑色（# 000000）。

（5）给字体设置"图层样式→斜面和浮雕"，样式：内斜面，方式：平滑，深度：615%，方向：上，大小：7，软化：2，角度：72，高度：32，高光模式：正常，不透明度：50%［颜色（#ffffff）］，阴影模式：正片叠底［颜色（#f4a317）］，不透明度：50%，如图5－20所示。

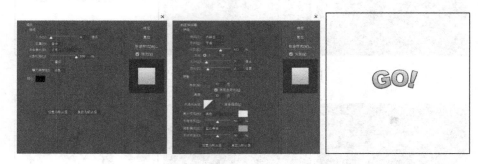

图5－20　描边与斜面和浮雕效果

（6）将文本图层"G""O""!"合成一个组，命名为"GO!"，复制并合并组，命名为"GO! 效果"，给字体设置"图层样式→颜色叠加"，颜色：（#301a0d），按向下键，轻移3像素。

（7）将图层组"GO!"，与"GO! 效果"图层合并组，命名为"GO! 效果组"，复制并合并组，图层名为"GO! 效果组拷贝"，放置在"GO! 效果组"之下，给图层设置"图层样式→描边"，大小：27，位置：居中，不透明度：100%，颜色：浅黄色（#f7d894），如图5－21所示。

图5－21　颜色叠加与描边效果

（8）栅格化图层"GO! 效果组拷贝"，用浅黄色（#f7d894）将镂空补上。

（9）选择图层"GO! 效果组拷贝"，设置"图层样式→渐变叠加"，混合模式：正常，不透明度：100%，渐变颜色：（#d34b01，#fab414），样式：线性，角度：90，缩放：100%，如图5－22所示。

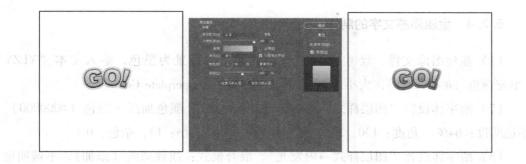

图 5 – 22 描边填充与颜色叠加效果

（10）选择图层"GO！效果组拷贝"，设置"图层样式→斜面和浮雕"，样式：内斜面，方法：平滑，深度：100%，方向：上，大小：1，软化：0，角度：90，高度：30，高光模式：滤色［颜色（#ffffff）］，不透明度：50%，阴影模式：正片叠底［颜色（#d34b01）］，不透明度：50%。

（11）图层"GO！效果组拷贝"，设置"图层样式→投影"，混合模式：正片叠底［颜色（#000000）］，不透明度：100%，角度：90，距离：3，扩展：0%，大小：5，如图 5 – 23 所示。

图 5 – 23 斜面和浮雕与投影效果

（12）新建图层，用柔角画笔为文字绘制高光点，完成制作，如图 5 – 24 所示。

绘制高光点

图 5 – 24 卡通游戏风格字体完成效果

5.2.4　金属质感文字的制作

（1）新建图像文件，尺寸为 1000×1000 像素，背景为黑色，输入文本"YLZY"［填充颜色（#d4aa3f）］，大小为 80 像素，字体为"Copperplate Gothic"。

（2）给字体设置"图层样式→内阴影"，混合模式：颜色加深［颜色（#000000）］，不透明度：64%，角度：130，距离：0，阻塞：0%，大小：13，杂色：0%。

（3）给字体设置"图层样式→内发光"，混合模式：线性减淡（添加），不透明度：16%，杂色：0%，颜色：白色（#ffffff），阻塞：0，大小：4，范围：50%，抖动：0%，如图 5-25 所示。

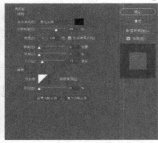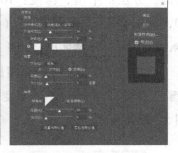

图 5-25　内阴影与内发光效果

（4）给字体设置"图层样式→渐变叠加"，混合模式：线性加深，不透明度：10%［颜色（#000000 位置：0，#ffffff 位置：12，#000000 位置：37，#ffffff 位置：75，#000000 位置:100）］，样式：线性，角度：90，缩放：100%，如图 5-26 所示。

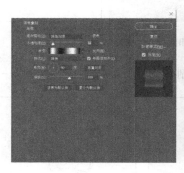

图 5-26　渐变叠加效果

（5）将文字图层"YLZY"进行拷贝命名为"YLZY 拷贝"，快捷键 Ctrl+J，把刚刚添加的那些图层样式删掉，填充值设为 0，然后设置"图层样式→斜面和浮雕"，样式：内斜面，方法：雕刻清晰，深度：100%，方向：下，大小：3，软化：0，角度：120，高度：30，高光模式：线性减淡（添加）［颜色（#ffffff)］，不透明度：35%，阴影模式：颜色加深［颜色（#000000）］，不透明度：21%。

（6）给字体图层"YLZY 拷贝"设置"图层样式→内发光"，混合模式：线性减淡（添加），不透明度：45%，杂色：0%，颜色：米黄色（# fffad1），方法：柔和，源：居中，阻塞：0，大小：54，范围：50%，抖动：0%，如图 5 – 27 所示。

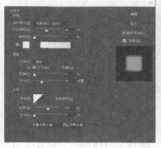

图 5 – 27　斜面和浮雕与内发光效果

（7）新建图层，命名为"YLZY 效果"，然后按住 Ctrl 键，在文字图层上选中文字选区，然后执行"选择→修改→缩小"，设置缩小值为 4 像素，然后在新建图层上任意填充一个颜色，把填充值设为 0。

（8）为"YLZY 效果"设置"图层样式→斜面和浮雕"，样式：外斜面，方法：雕刻清晰，深度：100%，方向：下，大小：1，软化：0，角度：120，高度：30，高光模式：线性减淡（加深）［颜色（#ffffff)］，不透明度：71%，阴影模式：颜色加深［颜色（#000000）］，不透明度：53%。

（9）为"YLZY 效果"设置"图层样式→等高线"（等高线▲），范围：50%，如图 5 – 28 所示。

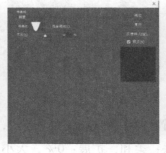

图 5 – 28　斜面和浮雕与等高线效果

（10）为"YLZY 效果"设置"图层样式→内阴影"，混合模式：线性加深［颜色（#000000）］，不透明度：64%，角度：120，距离：3，阻塞：0%，大小：3。

（11）为"YLZY 效果"设置"图层样式→渐变叠加"，混合模式：线性加深［颜色（#000000 位置：0，#ffffff 位置：12，#000000 位置：37，#ffffff 位置：75，#000000 位置：100）］，不透明度：20%，样式：线性，角度：90，缩放：90%，如图 5 – 29 所示。

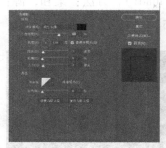  

图 5 – 29　内阴影与渐变叠加效果

（12）设置画笔，大小：7，硬度：100%，间距：164%，新建图层"钻石"，在每个字母中轴线都加上白点。

（13）为"钻石"图层添加"图层样式→斜面和浮雕"，样式：浮雕样式，方法：平滑，深度：63%，方向：下，大小：4，软化：0，角度：120，高度：30，光泽等高线：▲▲▲，高光模式：线性减淡（添加），不透明度：57%［颜色（#ffffff）］，阴影模式：颜色加深，不透明度：39%［颜色（#000000）］。

（14）为"钻石"图层设置"图层样式→等高线"（等高线◣），范围：50%，如图 5 – 30 所示。

 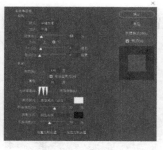 

图 5 – 30　斜面和浮雕效果

（15）为"钻石"图层设置"图层样式→外发光"，混合模式：叠加［颜色（#ffffff）］，不透明度：49%，方法：柔和，扩展：0%，大小：3，范围：50%，抖动 0%。

（16）为"钻石"图层设置"图层样式→投影"，混合模式：线性加深［颜色（#000000）］，不透明度：62%，角度：120，距离：1，扩展：20%，大小：2，完成制作，如图 5 – 31 所示。

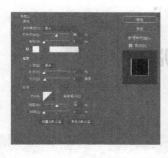

图 5-31　金属质感文字完成效果

5.3　小结

文字的创建和修改是比较常用的功能。本章介绍了文字的各种创建方式及修改方式，并且以大量的案例作为实践，让读者对文字的创建、修改、转换以及文字特效的制作有了更全面和深入的理解。由浅入深地介绍了文字的制作和特效文字的制作。

5.4　习题

填空题

1. 可以通过_____、_____和_____三种方式创建文字。

2. 在段落中创建文字时，文字会根据用户设置的_____自动转换。

3. 某些命令不可以用于文字图层，此时需对文字图层进行_____的操作使得文字失去矢量属性。

第 6 章　通道与蒙版

理解通道的概念，认识通道面板

掌握通道的基本操作

掌握使用 Alpha 通道选择图像

理解蒙版的概念

掌握用快速蒙版制作选区的方法

学会剪贴蒙版的使用技巧

在图像处理过程中，通道与蒙版的作用是非常重要的，它们是 Photoshop 的两个高级编辑功能。通道以单色信息形式记录和保存图像的颜色信息，是 Photoshop 在处理图像中实现复杂特殊效果必不可少的一种工具。蒙版在 Photoshop 中，是另一种高级选择功能，它能够方便地选择图像中的一部分进行编辑操作，而使图像的其他部分不受影响。

本章主要介绍了通道和蒙版的概念、作用和使用方法。通过学习本章内容，可以对通道与蒙版的概念有一个清晰的认识，掌握如何使用通道与蒙版来实现图像处理过程中一些复杂特殊的图像效果。

6.1　通道简介

6.1.1　通道的基础知识

通道是具有 0～255 个颜色级别的灰度图像，主要用来存储颜色信息和选区信息。编辑图像时，适时地运用通道的编辑，可以得到意想不到的效果。通道可以分为三种，分别是颜色通道、专色通道和 Alpha 通道。不同的通道分类其作用是不同的。下面就分别介绍这三种通道的作用。

1. 颜色通道

颜色通道的作用是使用 0～255 个级别的灰度图像来记录和保存颜色信息的。Photoshop 在打开图像文件时，计算机从这些颜色通道中读取颜色数据，并显示在显示器上。

颜色通道的名称和图像的颜色模式相对应，其中每一个颜色都被定义为一个通道。如 RGB 模式，有四个通道，其中主通道为 RGB，其他通道分别为 R（红），G（绿），B（蓝）三个颜色通道。R（红）通道使用 0～255 个灰度级别，记录红色像素点的颜色信息。G（绿）通道同样使用 0～255 个灰度级别，主要记录的是绿色像素点的颜色信息。B（蓝）通道也是这样记录蓝色像素点的颜色信息的。在打开时，计算机就从这些颜色通道中读取某像素点的 R（红），G（绿），B（蓝）的颜色数据值，决定该像素点在显示器上的显示颜色。CMYK 模式，有 C（青色），M（洋红），Y（黄），K（黑）四个颜色通道和 CMYK 主通道，其记录颜色信息的方法与 RGB 模式记录颜色信息的方法相同。

当 Photoshop 打开和新建文件时，系统根据文件的颜色模式会自动创建颜色通道，不可以对颜色通道执行新建、更名操作，但可以执行复制、删除等操作，也可以使用编辑工具进行编辑。

颜色通道可以单独进行编辑，互相之间不影响。我们可以使用绘图工具、颜色调整菜单命令等对颜色通道进行颜色的编辑。由于颜色通道主要记录颜色信息，所以编辑后，图像会发生颜色的变化。因此，使用颜色通道可以用来校正图像的偏色问题。

2. Alpha 通道

Alpha 通道主要使用 0～255 个级别的灰度保存选区信息，通过"选择→存储选区"的命令，就可以在"通道"面板中得到一个 Alpha 通道。默认情况下选区内显示为白色，选区外显示为黑色，过渡部分为相应的灰色。我们仍然可以使用绘图和图像工具对 Alpha 通道进行编辑和操作，实际就是对选区进行操作。

3. 专色通道

专色通道的作用是辅助印刷的，即增加一种特殊的油墨替代或添加到图像的颜色油墨中。印刷彩色图像时，图像所需要的颜色主要是通过 CMYK 四种颜色的油墨混合得到，但是在生产中，很难得到很纯的油墨，这就导致在混合时，某些颜色无法获得，因此就需要增加专色通道，印刷时附加到图像中，获得这些颜色。另外，有一些特殊的颜色，用 CMYK 四色油墨无法获得，如珍珠蓝色、荧光黄色、银色、烫金色等，这也需要使用专色通道来辅助印刷。

对于印刷有些颜色单一、色彩层次不多的图像，如具有怀旧风格的图像等，也可以使用专色通道来印刷，这样在印刷出片时只要出专色通道的片即可，通常都会少于三个通道，这样可以达到节省成本的目的。

6.1.2 通道面板

在 Photoshop 中执行"窗口→通道"命令，可以打开"通道"面板，如图 6-1 所示。利用该面板可实现对通道的编辑和管理，如保存、新建、分离、复制等，并可监视通道的编辑效果。

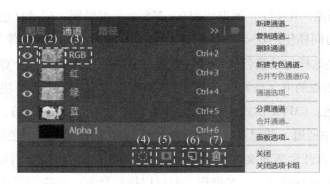

图 6-1 "通道"面板

（1）显示/隐藏通道：单击可切换通道的显示与隐藏。当单击选择主通道时，各单色通道都同时显示；单击某单色通道，该通道反显显示时，主通道与该单色通道会自动为未选取状态。

（2）通道缩略图：用于显示通道的内容，便于用户识别每一个通道。若用户对图像内容进行修改，则通道缩略图中的内容也发生改变；如果对图像内容进行色彩和色调的调整，则通道缩略图也会相应地发生变化。

（3）通道名称：每一个通道都有一个名字，颜色通道的名字是和图像的颜色模式有关，是在打开文件或创建图像文件时就指定好的。但 Alpha 通道和专色通道可以自定义通道的名称。如果未指定通道名称则系统会用 Alpha1、Alpha2……或专色 1、专色 2……来命名。

（4）将通道作为选区载入：功能同"选择→载入选区"菜单命令一样，将当前通道的内容转换为选区。

（5）将选区存储为通道：功能同"选择→保存选区"，将当前图像中的选区存储到新的 Alpha 通道中。

（6）创建新通道：单击该按钮，可以建立一个新通道，默认情况下，系统会生成一个 Alpha 通道。

（7）删除通道：单击该按钮或者用鼠标拖动某个通道到该按钮下，可以实现删除通道的操作。

注意：

（1）按住 Shift 键，在"通道"面板中单击各个名称，可以同时选择多个通道，再执行编辑操作命令，将对当前所有选择的通道起作用。

（2）单击面板右上方的菜单按钮▉，可显示"通道"面板的快捷菜单。该菜单也包括了对通道操作的各种命令。

6.2 通道的操作

6.2.1 新建通道

新建通道只能创建 Alpha 通道。颜色通道是由打开和创建图像时系统自动生成的，不能由使用者创建的颜色通道。创建 Alpha 通道主要有以下方法：

（1）选择"通道"面板菜单▉中的"新建通道"命令，打开"新建通道"对话框。如图 6 - 2 所示。该对话框各参数含义如下：

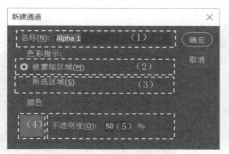
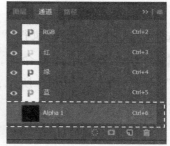

图 6 - 2 "新建通道"面板

①名称：设置创建 Alpha 通道的名称。如果不对通道命名，系统将自动使用 Alpha1、Alpha2……来命名。在"通道"面板中双击名字，也可以重命名。

②被蒙版区域：颜色覆盖被蒙版（没有选择）区域。

③所选区域：颜色覆盖选择的区域。

④颜色：设置"色彩指示"所用的颜色，只起标识用，与选区无关。

⑤不透明度：设置颜色的不透明度，其范围为 0 ~ 100%。

执行后创建一个 Alpha 通道，在"通道"面板中显示为全黑色的，表示当前没有记录任何选区。

（2）单击"通道"面板的"创建新通道"按钮▉，执行该命令后，在不打开对话框的情况下，默认创建名称为 Alpha1 的 Alpha 通道，以后再执行此命令后，依次自动创建名为 Alpha2、Alpha3……的 Alpha 通道。

（3）图像中如果有选区时，执行"选择→存储选区"命令或单击"将选区存储为通道"按钮。

Alpha 通道是通过 0 ~ 255 级灰度阶来存储选区信息的，在"通道"面板中的缩略图中，黑色表示的是选区之外，白色表示的是选区之内，其他灰度级别表示半透明的。新建 Alpha 通道后，在"通道"面板中的缩略图中显示是全黑的，说明在当前图片上没有任何选区。此时可以使用绘图工具或图像工具在通道缩略图上绘制，其相当于是对选区的操作，所以，通过 Alpha 通道可以将绘图工具和图像工具转换为选区服务，扩展了这两类工具的功能。

6.2.2　复制和删除通道

1. 复制通道

在编辑通道时，通常要先将该通道内容复制后再编辑，以免编辑通道后不能还原。在图像之间复制通道时，Alpha 通道必须具有完全相同的像素尺寸。复制通道的方法如下：

（1）选择要复制的通道，执行"通道"面板菜单█中的"复制通道"命令，打开"复制通道"对话框，如图 6 – 3 所示，该对话框各参数含义如下：

①为：设置复制后通道的名称。

②文档：在该下拉列表框中可以选择存

图 6 – 3　"复制通道"面板

放复制通道的目标文件。选择"新建"则表示另外创建一个新文件，图像文件的名字写在下面的"名称"文本框中。

③反相：复制后通道的颜色反相显示。

（2）拖动通道到"通道"面板的新建按钮▣上。此方法不打开"复制通道"对话框。

注意： 一般的通道复制，主要是对 Alpha 通道复制。颜色通道也可以复制，但复制以后，变为 Alpha 通道。

2. 删除通道

对于在处理过程中不再需要的通道，可以将其删除，以节省磁盘空间，提高系统运行速度。删除通道的方法有以下几种：

（1）选择要删除的通道，执行"通道"面板菜单█中的"删除通道"命令。

（2）拖动要删除的通道到"通道"面板的删除按钮▣上。

（3）选择要删除的通道，单击"通道"面板的删除按钮▣，在打开的对话框中单击"确定"按钮。

注意： 删除颜色通道，图像模式就会变为多通道模式，复合通道也同时消失。

6.2.3 分离与合并通道

1. 分离通道

分离通道是将一幅图像中的通道分离成为几个单独灰度图像，以保留单个通道信息，也可以独立对单个通道进行编辑和存储。分离通道的步骤如下：

（1）打开任意要分离通道的图像文件。

（2）执行"通道"面板菜单▇中的"分离通道"命令。

分离后，原文件被关闭，每一个通道以灰度模式成为一个独立的图像文件，并在其标题栏上显示文件名。分离通道后单个独立灰度图像的个数与图像分离前的颜色模式有关，因此，如果是 RGB 颜色模式，则分成文件名分别为"原文件名_ R. 扩展名""原文件名_ G. 扩展名""原文件名_ B. 扩展名"的三个独立的灰度图像。如果是 CMYK 颜色模式的，则分成文件名分别为"原文件名_ C. 扩展名""原文件名_ M. 扩展名""原文件名_ Y. 扩展名""原文件名_ K. 扩展名"的四个独立的灰度图像文件。如图 6 -4 所示。

图 6 - 4　分离通道

2. 合并通道

合并通道命令可以将若干个灰度图像合并成一个图像，甚至可以合并宽度和高度一致的不同的灰度图像。当合并通道时，当前窗口上灰度图像的数量决定了合并通道时生成的颜色模式。合并通道的步骤如下：

（1）打开一个文件，为 RGB 颜色模式时，执行分离通道命令。

（2）执行"通道"面板菜单中的"合并通道"命令，打开"合并通道"对话框。

（3）在"模式"下拉列表框中可以指定合并后图像的颜色模式。在"通道"文本框中输入合并通道的数目，如 RGB 模式图像设置为 3，而 CMYK 模式图像设置为 4，单击"确定"按钮。

（4）打开"合并 RGB 通道"对话框，在该对话框可以分别为原色通道选定各自的源文件。在三者之间不能有相同的选择，并且原色选定的源文件的不同，会直接关系到合并后图像的效果。最后，单击"确定"按钮即可得到最终效果，如图 6-5 所示。

图 6-5　合并通道

注意：不能将 RGB 图像分离的通道合并成 CMYK 图像，也不能将只包含两个通道的 Lab 图像合并成其他颜色模式的图像。在合并通道时，必须存在分离出来的通道，或者是有其他单色通道存在。

6.3　蒙版简介

蒙版从字面意思上理解就是将不需要的图像"蒙"起来，遮盖住不需要编辑的图像内容以保护起来。蒙版可以起到在原始图像内容不被破坏的情况下，部分地显示图像的作用。蒙版被广泛应用在合成图像和清除图像背景的操作中。在 Photoshop 中蒙版主要分为：图层蒙版、快速蒙版、矢量蒙版和剪贴蒙版。

6.3.1　图层蒙版

图层蒙版是在图层上添加的，所以称为图层蒙版。图层蒙版是由 8 位灰度通道、0~255 个颜色级别来存入的，所以可以把蒙版看成一种特殊的通道。图层蒙版主要用来控制显示和保护该图层的部分图像内容。编辑蒙版，实际就是对蒙版的黑、白、灰三个色彩区域进行编辑。我们可以使用绘图工具和编辑工具进行调整和修饰，其修饰和编辑的结果将会控制图像的显示范围。

1. 创建图层蒙版

图层蒙版是针对一个图层创建的，所以在创建之前，要确定好当前图层。创建图层蒙版的方法有以下几种：

（1）在"图层"面板中单击"添加图层蒙版"按钮可以为该图层添加蒙版。当图层中存在选区时，单击"图层"面板的"添加图层蒙版"按钮，会直接在当前图层中添加蒙版，选区外的图像将被隐藏。如果图像中没有选区，单击"添加图层蒙版"按钮可以为整个画面添加蒙版。在蒙版中操作时，可以使用画笔、渐变、橡皮擦、加深、减淡等工具，也可以绘制一个选区为其填充黑色、灰色或者白色，如图 6-6 所示。

图 6-6 从"图层"面板创建图层蒙版

（2）菜单栏执行"图层→图层蒙版→显示全部或者隐藏全部"，也可以为当前图层添加图层蒙版。隐藏全部对应的是为图层添加黑色蒙版，效果为图层完全透明，显示全部就是为图层添加白色蒙版，效果为完全不透明。如果图像中有选区，可以执行"图层→图层蒙版→显示选区或者隐藏选区"，如图 6-7 所示。

图 6-7 从菜单创建图层蒙版

（3）对于固定选区而粘贴入图像建立图层蒙版，可以执行如下操作：首先复制所需图层（快捷键 Ctrl + C），选择需要粘贴入的图层，并在该图层需要贴入的区域在图层中框选选区，"编辑→选择性粘贴→贴入/外部粘贴"，如图 6-8 所示。粘贴入的图层则具有图层蒙版。图层蒙版由黑、白两种颜色组成，其中黑色区域对应的图像内容是隐藏着的，白色对应的内容为可见的。

图 6-8 通过选择性粘贴创建图层蒙版

注意：

①在添加蒙版时，一定要先选择图层蒙版，而不是图层，然后再进行设置。

②黑色蒙版部分是将所对应当前图层的图像隐藏起来，显示出下一个图层的内容，白色蒙版部分是将所对应当前图层的图像继续显示出来，灰色蒙版部分则根据灰度级别不同，使当前图层的图像呈半透明状态。

2. 调整设置图层蒙版

创建好图层蒙版后，可以对图层蒙版的效果进行调整和编辑，在编辑图层蒙版时，要先选中图层蒙版，使图层蒙版处于可编辑状态。单击"图层"面板中图层蒙版的缩略图即可选中。编辑图层蒙版通常有以下两种方式：

（1）可以使用常用的绘图工具和色彩色调的调整命令，如渐变填充工具、画笔工具、曲线、阈值等。首先选择图层蒙版，选择绘图工具和菜单命令，设置该工具的相关参数和对话框参数等，然后在图层蒙版上操作，就可以将设置效果应用于该蒙版。

（2）可以使用"蒙版"面板进行设置。使用"蒙版"面板可以快速地实现蒙版的基本操作。双击"蒙版"可以进入"蒙版"面板，如图 6-9 所示，"蒙版"面板各参数选项的含义如下：

①选择像素蒙版：显示当前在"图层"面板中选中的蒙版。默认情况下，系统添加

的蒙版为图层蒙版。

②添加矢量蒙版：单击该按钮，则表示添加的蒙版为矢量蒙版。

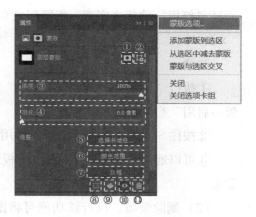

③浓度：用于设置蒙版的不透明度，数值越大，则图像中隐藏的区域越明显。当达到100%浓度时，蒙版将完全不透明并遮挡图层下面的所有区域，随着浓度的降低，蒙版下的更多区域变得可见。

④羽化：用于设置蒙版边缘的羽化程度。拖拽"羽化"滑块可以柔化蒙版的边缘。羽化蒙版

图6-9　"蒙版"面板

边缘以在蒙住和未蒙住区域之间创建较柔和的过渡。在使用滑块设置的像素范围内，沿蒙版边缘向外应用羽化。

⑤选择并遮住…：单击该按钮，则可在弹出的"选择并遮住…"对话框中调整图像中显示区域的边缘。

⑥颜色范围…：单击该按钮，则可在弹出的"色彩范围"对话框中查找和指定图像中要显示的区域。

⑦反相：单击该按钮，则蒙版中的颜色将相互转换。

⑧从蒙版中载入选区：单击该按钮，将蒙版转换为选区。

⑨应用蒙版：单击该按钮，则表示删除蒙版并将蒙版中的操作内容应用到图像中。

⑩停用/启用蒙版：在调板底部单击该按钮时可停用/启动蒙版。当该蒙版缩略图显示为"×"时表示停用蒙版。

⑪删除蒙版：单击该按钮，将删除蒙版。

注意：在"图层蒙版"面板菜单■中，弹出的下拉列表中可选择"蒙版选项""添加蒙版到选区""从选区中减去蒙版""关闭"和"关闭选项卡组"等命令。

3. 编辑图层蒙版

为图层添加蒙版后，可以对图层蒙版进行编辑，对图层蒙版的编辑主要包括停用蒙版、删除蒙版、应用蒙版、取消链接等命令，如图6-10所示。

（1）停用/启用图层蒙版。默认情况下图层蒙版是"启用"的，可以利用图层蒙版控制图像的显示范围，如果需要观察或者修改没使用蒙版之前的图像内容，可以

图6-10　编辑图层蒙版

通过"停用"蒙版来实现。将图层蒙版的效果停止起作用，图层蒙版上会有一个红的
"×"。

注意：

①执行"图层→图层蒙版→停用"停用蒙版，停用的蒙版可以执行"图层→图层蒙版→启用"启用蒙版。

②按住 Shift + 单击图层蒙版，停用与启用蒙版。

③可以通过"蒙版"面板的面板底部的"启用/停用蒙版"按钮，停用与启用蒙版。

（2）删除蒙版。执行该功能可将图层蒙版删除掉，使图层的显示内容回到最初状态。方法如下：

①执行"图层→图层蒙版→删除"命令删除蒙版。

②选择"图层蒙版"，单击"图层"面板的"删除"按钮。

③可直接将"图层蒙版"拖动到"图层"面板的删除按钮上。

④单击"蒙版"面板底部的"删除蒙版"📄按钮。

（3）应用蒙版。将图层中的"图层蒙版"删除，但图层的显示效果是添加"图层蒙版"之后的效果。方法如下：

①执行"图层→图层蒙版→应用"命令应用蒙版。

②单击"蒙版"面板底部的"应用蒙版"🔘按钮。

（4）链接/取消链接。在"图层"和"图层蒙版"之间有一个"锁链"，当链接时，则此时"图层"和"图层蒙版"是一体的，当使用移动工具移动图层或其蒙版时，该图层及其蒙版会在图像中一起移动。取消它们的链接可以单独移动它们，并可独立于图层改变蒙版的边界。切换链接方法如下：

①执行"图层→图层蒙版→取消链接/链接"命令来实现。

②通过鼠标直接单击锁链来实现"取消链接"和"链接"的切换。

6.3.2 快速蒙版

快速蒙版是建立选区的另一种方法，快速蒙版是一种临时蒙版，可以将选区转换为蒙版进行编辑，编辑以后再转换为选区，如图 6 - 11 所示。

当快速蒙版处于编辑状态时，在工具箱中选择"画笔工具"，设置前景色为黑色，在打开的图片上进

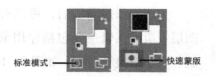

图 6 - 11　快速蒙版

行绘制，可得到红色的区域，而在通道的"快速蒙版"中得到黑色的区域，如图 6 – 12 所示。我们也可以使用工具箱中的其他工具，如渐变工具等创建和修改选区。

图 6 – 12　进入"快速蒙版"状态

再次对工具箱中的按钮进行单击可切换回标准模式编辑状态。当切换回标准模式时，"通道"面板中的临时蒙版就不见了，Photoshop 会将蒙版转换为选取范围。

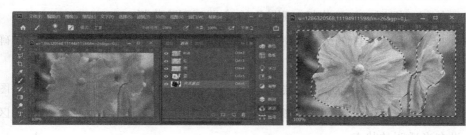

图 6 – 13　使用画笔工具绘制选区并转换为选区

快速蒙版主要用于较难选择的区域。可以先通过"选择工具"建立一个大致的选区，然后单击"快速蒙版"按钮，此时处于快速蒙版编辑状态，然后就可以通过工具箱中的其他工具进行细致的修改，修改完成后，单击工具箱中的"标准模式"按钮回到正常编辑状态。双击"快速蒙版"按钮，打开"快速蒙版选项"对话框。通过该对话框，可以对"快速蒙版"编辑时的颜色、透明度等进行设置，如图 6 – 14 所示。

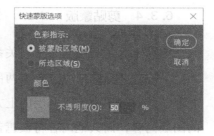

图 6 – 14　快速蒙版选项

注意： 如果要保存临时蒙版通道，可以在退出之前，把临时蒙版拖到通道的新建按钮上生成一个 Alpha 通道。

6.3.3　矢量蒙版

矢量图层蒙版是由钢笔工具等矢量工具创建的一种蒙版，并且只能使用矢量工具进行编辑。在矢量图层中，用闭合路径包围的区域内来显示图像，闭合路径之外的图像被隐藏，以保护使其不受编辑的影响。

1. 创建矢量蒙版

在"图层"面板中，选择要添加矢量蒙版的图层，使用钢笔工具或形状工具创建一个新的路径，然后执行"图层→矢量蒙版→当前路径"命令，在图层上创建矢量蒙版。

2. 编辑矢量蒙版

如果对矢量蒙版的内容不满意，还可以通过单击"图层"面板中矢量蒙版缩略图来编辑矢量蒙版，然后使用"转换点工具"更改路径。

3. 显示或隐藏矢量蒙版

（1）按住 Shift 键的同时单击矢量蒙版的缩略图即可隐藏/显示蒙版。

（2）执行"图层→矢量蒙版→停用/启用"命令即可隐藏/显示蒙版。

4. 删除矢量蒙版

（1）执行"图层→矢量蒙版→删除"命令即可删除蒙版。

（2）拖动图层面板上的矢量蒙版到删除图标█上，并在打开的对话框中单击确定即可删除蒙版。

注意：矢量工具创建的形状图层是一种矢量图层蒙版。在形状图层中，因为图层默认用前景色填充，所以最终效果是形状包围的区域用前景色显示，而形状之外的区域不显示，没有半透明的状态。

6.3.4 剪贴蒙版

剪贴蒙版是一组具有剪贴关系的图层的名称，它至少包含两个图层，最多可以包含无限个图层。剪贴蒙版主要由两部分组成，即基层和内容层。基层位于整个剪贴蒙版的底部，而内容层则位于基层的上方。基底图层的非透明内容将在剪贴蒙版中显示它上方的图层内容，而其他内容将被遮盖。

1. 创建/释放剪贴蒙版

创建/释放剪贴蒙版方法如下：

（1）按住 Alt 键，将鼠标指针放在"图层"面板中分隔两个图层的线上，当指针变成 ↓□/↘□，单击，即可创建/释放蒙版。

（2）在"图层"面板上选择位于上方的图层，单击鼠标右键，在弹出的快捷菜单中选择"创建/释放剪贴蒙版"命令，即可创建/释放蒙版。

（3）在"图层"面板上选择位于上方的图层，按住 Ctrl + Alt + G 组合键，即可创建

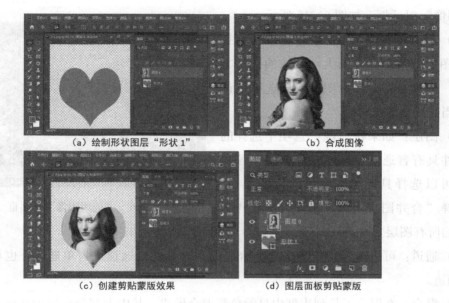

(a) 绘制形状图层"形状1"　　　　　　　　(b) 合成图像

(c) 创建剪贴蒙版效果　　　　　　　　　(d) 图层面板剪贴蒙版

图6-15　创建剪切蒙版

/释放蒙版。

（4）在"图层"面板上选择位于上方的图层，选择"图层"面板 ，执行"图层
→创建/释放剪贴蒙版"命令。

（5）在"图层"面板上选择位于上方的图层，选择"图层"菜单，执行"图层→
创建/释放剪贴蒙版"命令。

6.4　图像合成

图像合成是指在原有的图片基础上，进行合成创造新图片的过程。广义上讲，图像
合成可以泛指图像的一切操作，这里讲到的图像合成是对图像的通道和图层、通道和通
道重新打乱组合的操作，这样可以实现很多的特殊的效果。本节重点介绍"应用图像"
和"计算"命令来实现通道的计算。

6.4.1　应用图像

"应用图像"可以将"源图像"的图层或者通道混合到另一个目标图像中，应用该
命令必须保证源图像与目标图像尺寸大小与分辨率相同。因为"应用图像"命令的工作
原理就是基于两幅图像的图层或通道重叠后，相应位置的像素在不同的运算模式下相互
作用，从而产生特殊的图像合成效果。

打开要编辑的图像文件，然后执行图像菜单中的"图像→应用图像"命令，将打开

"应用图像"对话框，如图 6－16 所示。

（1）源：在下拉列表框中将显示所有打开的且图像分辨率和画面大小一致的图像文件名称，从中可以选择源图像。该选项默认设置为当前活动图像窗口。

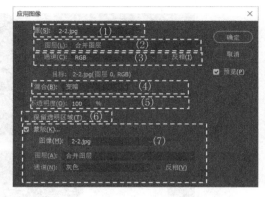

图 6－16　"应用图像"对话框

（2）图层：如果在"源"选项中选择的图像文件具有普通图层，则在该选项下拉列表框中可以选择具有参与合成图像的图层，如果选择"合并图层"选项，则表示选择源文件中的所有图层。

（3）通道：可以选择具体参与图像合成的源文件的全通道或者单通道，也可以是 Alpha 通道。

（4）混合：在混合下拉列表框中显示色彩混合模式，其中大部分选项的功能和作用同图层混合模式一样，主要是设置图层的混合模式。

（5）不透明度：主要用来设置源图像在参与混合过程中的不透明度，该值越低，源图像对混合结果的影响越小。

（6）保留透明区域：启用该复选框可以保护图像中的透明区域，图像合成时，将只针对非透明区域。如果在当前活动图像中选择了背景层，则该复选框不可启用。

（7）蒙版：启动该复选框将展开"应用图像"对话框，展开的列表框中可以选择一幅图像和一个图层，然后，选择源图像上的一个颜色通道、Alpha 通道或者一个活动选区来隔离图像合成区域。

6.4.2　计算

利用"计算"命令可以将同一图像或不同图像中的两个通道混合，并且能够将混合生成的结构应用到一幅新图像或当前工作图像的通道和选区中。"计算"命令与"应用图像"命令的功能基本相同，只不过"计算"命令的应用对象除了图像之外，还可以在两个待合成的通道之间的合成。同执行"应用图像"命令一样，对不同图像中的通道进行合并时，图像的尺寸与分辨率都必须相同。

打开要编辑的图像文件，然后执行图像菜单中的"图像→计算"命令，将打开"计算"对话框，如图 6－17 所示。

（1）源 1 与源 2：分别代表参与混合的对象和被混合的目标对象。

（2）图层：选择相应的图层，在合成图像时，源 1 和源 2 的顺序安排对最终合成的图像效果会产生影响。

（3）通道：选择源文件的相应通道。

（4）混合：在下拉列表框中选择混合模式进行计算。

（5）不透明度：用来控制源 1 中选择的图层的不透明度，它可以控制计算效果的强度。

（6）蒙版：选择此复选框后，选项设置与在"应用图像"对话框中选择的"蒙版"相同。

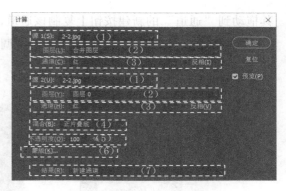

图 6 – 17   "计算"对话框

（7）结果：在下拉列表框中指定一种结果，可以让用户确定合成的结果是否保存在一个灰度模式的新文档中，或者是保存在当前活动的新通道中，或者将合成的效果直接转换成选取范围。

6.5   案例分析

6.5.1   利用通道抠取透明玻璃杯

利用通道可以抠取一些具有透明特性的图像内容，这些使用钢笔工具、套索工具就很难办到，而利用通道就能很简单地办到。本例利用通道抠取透明玻璃杯。

（1）执行"文件→打开"命令，打开素材"第六章 – 素材 – 玻璃杯"。

（2）选择背景图层，执行"选择→主体"命令，按 Ctrl + J 键拷贝图层，图层命名为"玻璃杯"，如图 6 – 18 所示。

图 6 – 18   拷贝图层

（3）切换到"通道"面板，选择一个黑白对比较好的通道，这里选择绿色通道，将其拖动到"通道"的新建按钮上复制该通道，如图 6 - 19 所示。

（4）对绿色拷贝通道先执行"图像→调整→色阶"打开色阶对话框，输入色阶为
（32，0.71，191），如图 6 - 20 所示。

图 6 - 19　拷贝通道

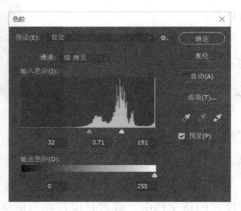
图 6 - 20　设置通道图层色阶

（5）按住 Ctrl 键对绿色拷贝通道图层进行选区选中，执行"选择→反选"（快捷键
Ctrl + Shift + I），切换到"图层"面板，选中"玻璃杯"图层，按 Ctrl + J 键拷贝图层，
效果如图 6 - 21 所示。

图 6 - 21　通过绿色拷贝通道复制图层

（6）再次选中"玻璃杯"图层，切换到"通道"面板，这里选择绿色通道，将其
拖动到"通道"的新建按钮上再次复制该通道，对绿色通道副本先执行"图像→调整→
反向"（快捷键 Ctrl + I），再执行"图像→调整→色阶"打开色阶对话框，如图 6 - 22
所示；

（7）按住 Ctrl 键对绿色拷贝 2 通道图层进行选区选中，执行"选择→反选"（快捷
键 Ctrl + Shift + I），切换到"图层"面板，选中"玻璃杯"图层，按 Ctrl + J 键拷贝图
层，就可完成透明玻璃杯的抠取，如图 6 - 23 所示。

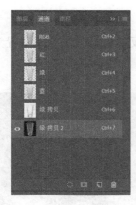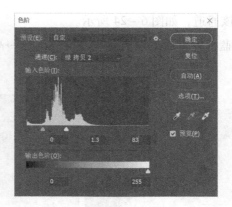

图 6-22　设置绿色拷贝 2 通道

图 6-23　透明玻璃杯抠图完成效果

6.5.2　利用通道进行磨皮

利用通道可以选择一些不规则的图像内容。本例将介绍使用通道进行磨皮。由于人物面部斑点表现得最明显，选择斑点表现最为明显的通道，使用"计算"命令及多个滤镜，对其中的斑点进行强化处理，使之与其他区域形成鲜明的对比，从而获得斑点的大概范围，然后再使用调整图层，对斑点区域进行调整，从而实现磨皮的目的。

（1）执行"文件→打开"命令，打开素材"第六章-素材-人像"。

（2）切换到"通道"面板，选择一个黑白对比较好的通道，这里选择蓝色通道，将其拖动到"通道"的新建

图 6-24　拷贝蓝通道

按钮上复制该通道，如图 6 - 24 所示。

（3）对蓝色拷贝通道先执行"滤镜→其他→高反差保留"，半径设置为 10，如图 6 - 25 所示。

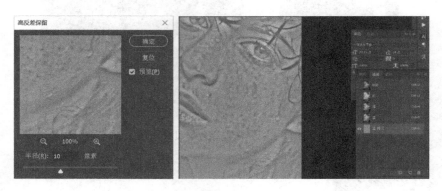

图 6 - 25　蓝通道高反差保留

（4）对蓝色拷贝通道执行两次"图像→计算"，设置混合模式为"叠加"，形成两个 Alpha 通道，对蓝色拷贝通道再次执行"图像→计算"，设置混合模式为"颜色减淡"，不透明度为"65%"，如图 6 - 26 所示。

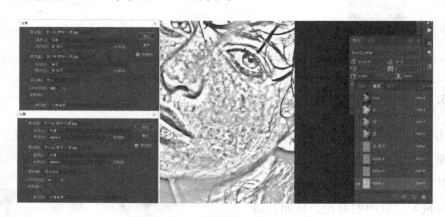

图 6 - 26　对蓝通道执行三次计算

（5）用白色的画笔工具将五官与脖子部分涂白，此刻的画面中面部黑色的就是斑点，白色的是肤色。执行"图像→调整→反向"（快捷键 Ctrl + I），载入选区，如图 6 - 27 所示。

（6）切换到"图层"面板，选中"背景"图层，按 Ctrl + J 键拷贝图层，执行"图像→调整→曲线"进行调整，完成磨皮，如图 6 - 28 所示。

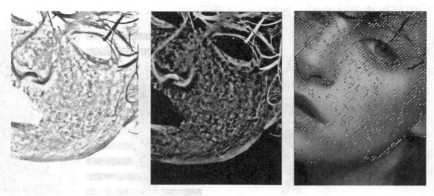

图 6 - 27　载入面部斑点选区

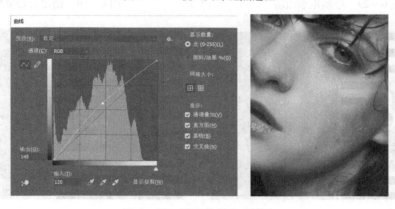

图 6 - 28　调整曲线完成磨皮

6.5.3　利用蒙版进行百叶窗人物海报设计

本例主要是利用选区创建图层蒙版，通过选区和图层蒙版的运用，后期加上一些排版布置来实现海报的效果。

（1）新建图像文件，A4 大小（210 mm×297 mm），分辨率为 300 像素/英寸，选择矩形工具，画出具有间距的长条，并合并为一个图层，命名为"矩形"，如图 6 - 29 所示。

（2）打开"第六章 - 素材 - Black Widow"，将其拖入画布。

（3）打开"第六章 - 素材 - LOGO"，将其拖入画布，将其放在"矩形"图层之上，并为"矩形"图层创建剪贴蒙版，如图 6 - 30 所示。

（4）输入字体"BLACK WIDOW"，字体为"Adobe 黑体 Std"，字体大小为 129，输入字体"MARVEL"，字体为"Adobe 黑体 Std"，字体大小为 25，并将其设置为"字体组"，如图 6 - 31 所示。

（5）复制"第六章 - 素材 - LOGO"图层，将其放在"字体组"图层组之上，并为

"字体组" 图层创建剪贴蒙版,如图 6-32 所示。

图 6-29 绘制矩形图层   图 6-30 创建剪切蒙版

图 6-31 输入字体   图 6-32 再次建立剪切蒙版

(6) 选择 "矩形" 图层为其添加蒙版。选择黑色画笔。在蒙版上,将字体中间的矩形条部分擦出,如图 6-33 所示。

(7) 为人物图层添加蒙版,在蒙版上,在字体部分绘制矩形条,填充黑色,再拷贝一份人物图层,移至图层最上方,为 "字体组" 创建剪贴蒙版,完成制作,如图 6-34 所示。

图 6-33 矩形图层添加蒙版   图 6-34 人物图层建立图层蒙版与剪切蒙版

6.6 小结

通道和蒙版是图像处理中比较常用的高级应用功能。本章介绍了通道的概念，讲述了颜色通道、Alpha 通道和专色通道的主要作用，着重阐述了通道的基本操作，特别是 Alpha 通道的用法。还介绍了蒙版的主要作用，并详细介绍了创建图层蒙版、快速蒙版和矢量蒙版的使用方法。另外，还介绍了通道和蒙版在图像处理和图像合成过程中的使用技巧。最后以大量的例子，通过对通道、蒙版的练习，加深对通道和蒙版的理解。

6.7 习题

一、 填空题

1. 通道按功能分为颜色通道、＿＿＿＿＿＿＿和＿＿＿＿＿＿＿。

2. 一幅 RGB 图像包括了 RGB 复合通道、红通道、＿＿＿＿＿＿＿＿＿以及＿＿＿＿四种通道。

3. 默认颜色通道一般出现在"通道"面板的顶部，其后是＿＿＿＿通道，然后是＿＿＿＿通道。

4. 专色通道和＿＿＿＿＿通道不能移动到各原色通道的上方，除非这个图像模式转换成了＿＿＿＿颜色模式。

二、 选择题

1. 下列操作可改变通道顺序的是（　　　）。

　A. 对颜色通道不能够改变顺序

　B. 单击通道缩略图，将它拖到另一个通道的上面或者下面

　C. 按 Shift 键后拖动通道

　D. 单击通道名称，将它拖到另一个通道的上面或者下面

2. 通道的用途是（　　　）。

　A. 保存选区　　　　B. 保存颜色信息　　　　C. 修饰图像　　　　D. 保存蒙版

3. 在删除原色通道后，通道的色彩模式会转变为（　　　）模式。

　A. 复合彩色通道　　B. Alpha 通道　　　　C. 多通道　　　　D. 专色通道

4. CMYK 图像在彩色输出进行分色打印时，M 通道转换成（　　　）的胶片。

　A. 青色　　　　　　B. 黄色　　　　　　C. 洋红色　　　　D. 黑色

5. 下面对通道功能的描述，其中错误的是（　　　）。

　　A. 通道最主要的功能是保存图像的颜色数据

　　B. 通道除了能够保存颜色数据外，还可以保存蒙版

　　C. 在"通道"面板中可以建立 Alpha 通道和专色通道

　　D. 要将选区永久地保存在"通道"面板中，可以使用快速蒙版功能

6. 要将通道中的图像内容转换为选区，可以（　　　）。

　　A. 按下 Ctrl 键后单击通道缩略图　　　　　B. 按下 Shift 键后单击通道缩略图

　　C. 按下 Alt 键后单击通道缩略图　　　　　D. 以上都不正确

三、判断题

1. 在图像处理过程中，保存选区和蒙版后，会在"通道"调板中形成一个 Alpha 通道。（　　　）

2. "通道"调板中的"删除当前通道"按钮和"图层"调板中的"删除图层"按钮的使用方法一样，例如将某通道拖动到此按钮上，同样会弹出提示对话框。（　　　）

3. Alpha 通道可以用来保存颜色和选区，例如当用户保存一个选区时，会在"通道"调板中自动形成一个 Alpha 通道。当通道不再使用时，用户可以删除任何一个通道。（　　　）

4. 在 Photoshop 中，专色通道主要用于辅助印刷，它可以使用一种特殊的混合油墨替代或附加到图像颜色油墨中去。（　　　）

5. 在"通道"调板中，可以使用"创建新通道"按钮建立任意多个通道。（　　　）

四、简答题

1. 通道中存在哪几种颜色信息？其主要用途是什么？

2. 怎样将选区存储于通道中？怎样连续选择多个通道？

3. 蒙版有哪些类型？各有何使用特点？

4. 试述选区、蒙版和通道之间的关系和区别，在编辑图像时各自有哪些优点和缺点？

第7章 滤 镜

学习目标

理解滤镜原理和特点

熟练掌握各种滤镜命令的使用

掌握滤镜的快捷键使用

通过案例培养学生操作能力、启发创作能力

7.1 滤镜简介

滤镜是 Photoshop 的特色工具之一，滤镜主要是用来实现图像的各种特殊效果的一款工具，适度合理的利用滤镜功能可以掩盖图像的缺陷，增强图像的视觉效果，并在原有图像的基础上产生一些特殊的令人炫目的效果，它在 Photoshop 中具有很重要的地位，也是 Photoshop 中用处最多、效果最奇妙的一项功能。

在 Photoshop 中提供了将近 100 个效果不同的滤镜，通过对这些滤镜的学习，不仅可以用它们来创造具有丰富想象力的幻境效果，也可以模拟真实的物象效果。在 Photoshop 中滤镜都是按分类放置在菜单中，使用的时候只需要从菜单中执行这些命令即可。滤镜的操作简单，但是真正用起来却很难恰到好处，它通常要和通道、图层等结合使用才能取得最佳视觉效果。如果想在图像中适当地使用滤镜功能，就需要我们提高对滤镜的熟悉程度和操控能力，使得滤镜能很好地和图像结合，从而创作出所需的特殊效果。从大体上来说，滤镜的主要特点有：

滤镜只能应用于当前可视图层，并且可以反复应用，连续进行应用，但是每一次应用只能应用在同一个图层上。

滤镜不能应用于位图模式、索引颜色，某些滤镜只对 8 位 RGB 模式的图像起作用，如 CMYK、Lab 色彩模式下将不允许使用滤镜库等滤镜。并且滤镜只能应用于图层中的有色区域，对完全透明的区域就没有效果。

滤镜的应用一般需要较长的等待时间，特别是当图像文件较大时，需要的时间就会很长。使用滤镜中的"预览"功能，可以提高操作效率，节省操作时间。

　　如果在一个很大或者很复杂的图像文件中应用滤镜发生困难，那么可以分别在彩色通道内使用滤镜，这样将得到同样的效果。如果觉得执行时间过长，想终止正在生成的滤镜效果，只需要按 Esc 键即可。

　　在滤镜的菜单顶部将出现上一次使用过的滤镜，可以通过此执行命令对图像再次应用上次使用过的滤镜效果。

7.2　Photoshop 内置滤镜

7.2.1　液化滤镜

　　液化滤镜是一个变形滤镜，可用于推、拉、旋转、反射、折叠和膨胀图像的任意区域。用户可以创建细微或者剧烈的扭曲效果。液化命令是修饰图像和创建艺术效果的实用工具之一。可以应用于 8 位/通道或 16 位/通道图像。

　　液化的作用就是扭曲图像，使用液化滤镜所提供的工具，使我们可以对图形进行任意的扭曲，并可以自定义扭曲的范围和强度，还可以将调整好的变形效果存储起来。总之，液化命令为我们在 Photoshop 中对图像的变形及创建特殊的效果提高了强大的功能。液化工具常用来修饰图像或创建艺术效果。该功能更擅长局部变形，尤其是人脸修饰。液化对话框如图 7－1 所示。

图 7－1　"液化"对话框

　　在对话框中我们可以看到有三大区域，对话框中最左边有一列工具箱，通过这些工具可以将图形进行扭曲变形，中间部分是图像预览区域，右边是液化属性栏。

　　液化工具箱选项功能含义如下：

　　（1）向前变形工具 （W）：此工具和普通的涂抹工具类似，将图像沿着鼠标行进的方向拉伸，在拖动时向前推像素产生变形效果。它会随着鼠标的重复拖拽，而增强自身的变形效果。也可以在起点点击松开，再在终点按住 Shift 键点击松开，与鼠标直线拖动像素的运用一样。

（2）重建工具 （R）：可恢复原来图像。在变形区单击或拖拽鼠标时可反转已添加的扭曲，将已经变形的图像恢复到原图。

（3）平滑工具 （E）：此工具是用来修改边缘，改善边缘不自然、不够平滑的情况，使其看起来更加顺滑，没有撕裂感。

（4）顺时针旋转扭曲工具 （C）：在按住鼠标按钮或拖动时沿顺时针旋转像素，这时图像呈 S 形扭曲；要逆时针旋转像素，按住 Alt 键切换旋转方向；如果在一点上持续按住鼠标，将有加倍的扭曲效果出现。

（5）褶皱工具 （S）：在按住鼠标按钮或拖动时使像素朝着画笔区域的中心移动，也就是将图像从边缘区域向中心区域挤压，就是缩小局部图像。

（6）膨胀工具 （B）：在按住鼠标按钮或拖动时使像素朝着离开画笔区域中心的方向移动。与褶皱相反，将图像从中心向四周扩展，通俗地说就是放大局部图像。

（7）左推工具 （O）：是将一侧的图像向另一侧移动，也就是将画笔范围内的一侧推向另一侧。鼠标移动的方向决定推移的方向，鼠标从上往下移动时图像从左往右推；鼠标从下往上移动时图像从右往左推。按 Alt 键的同时鼠标从上往下移动，像素从右往左推；按 Alt 键的同时鼠标从下往上移动，像素从左往右推；如顺时针围绕对象拖动，可增加其大小；如逆时针围绕对象拖动，则减小其大小。

（8）冻结蒙版工具 （F）：如果希望有些区域不受液化工具的作用影响，可以使用冻结蒙版工具将其保护起来。

（9）解冻蒙版工具 （D）：它的作用是解除冻结蒙版工具的保护，拖拽鼠标涂抹冻结区域即可解冻。

（10）脸部工具 （A）：Photoshop CC 2015 开始引入了脸部感知液化功能，Photoshop 可以自动识别眼睛、鼻子、嘴巴及其他脸部特征，通过液化属性栏中相关数据设置，就能够更加轻松地完成面部的相关调整。

（11）抓手工具 （H）：放大图像后超出预览区，可以使用此工具拖移图像到合适的位置。

（12）缩放工具 （Z）：在预览图像中单击鼠标左键，可以进行放大，或者将鼠标放置在预览图像中，在需要放大的局部图像中拖动鼠标，拉出对角虚线框，放大局部图像；如果想要缩小图像，按住 Alt 键，并在预览图像中进行鼠标的单击或者是拖移，可以进行缩小。

液化工具箱选项效果如图7-2所示。

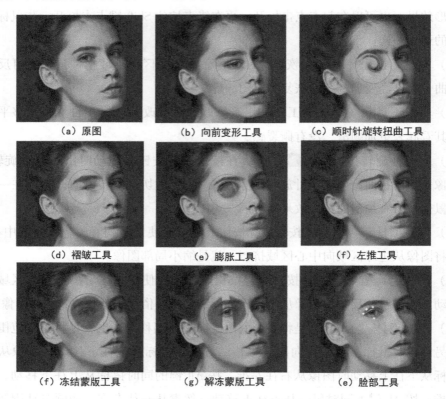

（a）原图	（b）向前变形工具	（c）顺时针旋转扭曲工具
（d）褶皱工具	（e）膨胀工具	（f）左推工具
（f）冻结蒙版工具	（g）解冻蒙版工具	（e）脸部工具

图7-2　液化工具箱选项效果

液化属性栏居于对话框的右侧，可以通过设置液化属性参数来调整液化工具箱选项的效果。分为画笔工具选项、人脸识别液化、载入网格选项、蒙版选项、视图选项以及画笔重建选项。

1. 画笔工具选项

画笔工具选项可以对所有的扭曲画笔进行调整，如图7-3所示，画笔工具选项对话框各参数含义如下：

（1）大小：可以用来设置扭曲变形图像的画笔宽度，相当于传统画笔设定中的直径。

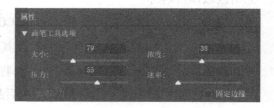

图7-3　画笔工具选项

（2）浓度：相当于画笔的软硬程度，用来设置画笔像素的分布方式，控制画笔的边缘羽化效果，较大的密度会形成较锐利的画笔边缘，较小的密度则可以形成模糊的画笔边缘。一般来说，画笔的中心效果最强，边缘处最轻。

（3）压力：用来设置画笔生成扭曲的速度，压力降低就会降低液化工具的使用效果。

（4）速率：用来设置旋转扭曲等工具在预览区中扭曲变形应用的速度，当鼠标在某一点上持续按住时效果的加倍速度，对有持续性特点的工具有效，设置越高，扭曲应用得越快，设置越低，变化就越慢。

2. 人脸识别液化

人脸识别液化主要是针对于人相照片的快速修饰功能，系统会自动辨识相片中的脸部，并通过数值调整来进行人相照片的快速修正，如图7-4所示。

（1）选择脸部：系统可以对多人人脸进行识别，在下拉菜单中选取你需要修改的面部。

（2）眼睛：可以修改眼睛的大小、高度、宽度、斜度、距离，左眼右眼可以分开调整。

（3）鼻子：可以调整鼻子的高度和宽度。

（4）嘴唇：可以调整微笑、上唇厚度、下唇厚度、嘴唇高度。

（5）脸部形状：可以调整前额、下颌、下巴高度、脸部宽度。

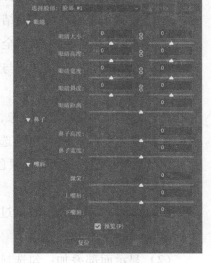

图7-4 人脸识别液化

注意：如果想要撤销"脸部工具"的调整修改效果，必须在人脸识别液化属性这里来点击复位或者全部，画笔重建选项不能够取消脸部工具的变形效果。

3. 载入网格选项

载入选项可以协助使用者查看与追踪变形效果，可以选择网格的大小与颜色，也可以存储网格，并将其运用在其他图片之中，如图7-5所示。

图7-5 载入网格选项

（1）载入网格：单击此按钮，弹出一个"打开"对话框，从中选择要载入的变形网格。

（2）载入上次网格：单击此按钮，套用上次存储的变形网格。

（3）储存网格：单击此按钮，可以储存当前的变形网格。

4. 蒙版选项

蒙版选项可以用来设置蒙版的保留方式，如图7-6所示。

（1）替换选区 ◑：显示原图像的选区，蒙版或透明度。

图7-6　蒙版选项

（2）添加到选区 ◑：显示原图像的蒙版，并可使用冻结工具添加到选区。

（3）从选区中减去 ◑：从当前冻结区减去通道中的像素。

（4）与选区交叉 ◑：只用当前冻结状态的选定像素。

（5）反相选择 ◑：反相选择当前的冻结区。

（6）无：用来解冻所有冻结区。

（7）全部蒙住：用来冻结全部图像。

（8）全部反相：冻结区域与解冻区域反相。

5. 视图选项

视图选项是用来设置图像、网格、蒙版、背景的隐藏与显示，同时视图选项也可以设置网格的大小和颜色、蒙版的颜色和背景模式，如图7-7所示。

图7-7　视图选项

（1）显示参考线：在液化过程中显示图像上的 Photoshop 参考线。

（2）显示面部叠加：勾选显示面部叠加状态，人物脸部在使用"脸部工具"时就会出现上图对应的路径线，可直接推动路径线进行调整。

（3）显示图像：用来设置在预览区中显示图像。

（4）显示蒙版：可以设置蒙版颜色，并使用该蒙版颜色覆盖冻结区域，默认是勾选状态，如果取消勾选，使用变形工具对预览区中的图像进行扭曲应用时一样产生效果，只是不显示蒙版的颜色；勾选此选项，会在预览区图像上显示蒙版的颜色。

（5）显示背景：可以选择预览图像中显示现用图层，通过使用"模式"选项，可以将背景放在现用图层的前面或后面，以便跟踪所做的更改。而"不透明度"是设置背景图层的不透明度。

6. 画笔重建选项

画笔重建选项指的是对扭曲画笔进行的修改，可以通过"重建"，与"恢复全部"两个按钮来对修改进行撤销，让图像恢复至变形前的状态，如图7-8所示。

图7-8　画笔重建选项

（1）重建：单击该按钮，弹出恢复重建对话框，可以选择回退步数，最多能够回退100步。

（2）恢复全部：单击该按钮，取消所有的变形效果，将图像恢复至变形前的状态。

7.2.2　扭曲滤镜组

扭曲滤镜组是通过对构成图像的像素进行移动、扩展或缩小的各种扭曲、变形、拉伸以实现不同的效果，"扭曲"滤镜组中的滤镜包括波浪、波纹、极坐标、挤压、切变、球面化、水波、旋转扭曲、置换九种不同的滤镜效果。可以通过扭曲滤镜组还能模拟水的波纹、玻璃等效果。

1. 波浪

"波浪"滤镜可以在图像上创建类似于波浪起伏的效果。在菜单栏中执行"滤镜→扭曲→波浪"命令，在弹出的"波浪"对话框中进行参数设置，如图7-9所示。

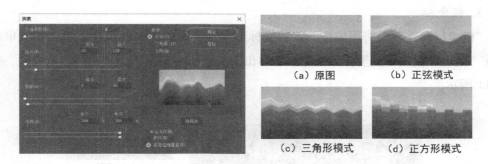

（a）原图　　　　（b）正弦模式

（c）三角形模式　　（d）正方形模式

图7-9　"波浪"滤镜

（1）生成器数：控制产生波的数量，范围是1到999。

（2）波长：其最大值与最小值决定相邻波峰之间的距离，两值相互制约，最大值必须大于最小值。

（3）波幅：其最大值与最小值决定波的高度，两值相互制约，最大值必须大于最小值。

（4）比例：控制图像在水平或垂直方向上的变形程度。

（5）类型：有三种类型可供选择，分别是正弦、三角形和正方形。

（6）随机化：每单击一次此按钮都可以为波浪指定一种随机效果。

（7）折回：将变形后超出图像边缘的部分反卷到图像的对边。

（8）重复边缘像素：将图像中因为弯曲变形超出图像的部分分布到图像的边界上。

2. 波纹

"波纹"滤镜可以在图像表层创建起伏的水面波纹状效果。在菜单栏中执行"滤镜

→扭曲→波纹"命令，在弹出的"波纹"对话框中进行参数设置，如图7－10所示。

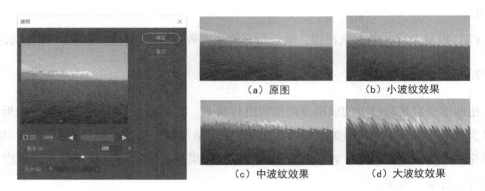

（a）原图　　　　（b）小波纹效果

（c）中波纹效果　　　（d）大波纹效果

图7－10　"波纹"滤镜

（1）数量：控制波纹的变形幅度，范围是－999％到999％。

（2）大小：有大、中和小三种波纹可供选择。

3. 极坐标

"极坐标"滤镜是将图像按一定的坐标形式生成强烈的曲面扭曲效果。在菜单栏中执行"滤镜→扭曲→极坐标"命令，在弹出的"极坐标"对话框中进行参数设置，如图7－11所示。

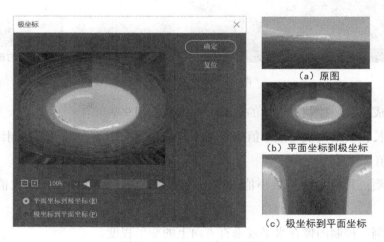

（a）原图

（b）平面坐标到极坐标

（c）极坐标到平面坐标

图7－11　"极坐标"滤镜

（1）平面坐标到极坐标：将图像从平面坐标转换为极坐标。

（2）极坐标到平面坐标：将图像从极坐标转换为平面坐标。

4. 挤压

"挤压"滤镜是将全部或只在选区中的图像向内部或者向外部进行挤压使图像的中心产生凸起或凹下的效果。在菜单栏中执行"滤镜→扭曲→挤压"命令，在弹出的"挤压"对话框中进行参数设置,如图 7 – 12 所示。

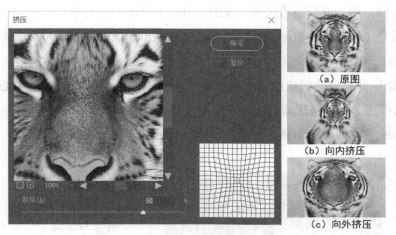

图 7 – 12 "挤压"滤镜

数量:是用来控制图像变形挤压的强度大小。正数值时向内凹陷;负数值时向外凸出,范围是 – 100% 到 100% 。

5. 切变

"切变"滤镜可按照自定义的曲线程度来扭曲图像,是可以自定义点的位置来影响图像。在菜单栏中执行"滤镜→扭曲→切变"命令,在弹出的"切变"对话框中进行参数设置,如图 7 – 13 所示。

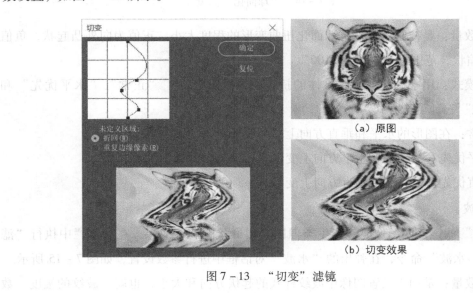

图 7 – 13 "切变"滤镜

(1)曲线编辑区:就是位置在对话框的左上角的方格,方格中有一条直线,在直线上单击鼠标左键可以任意添加控制点,鼠标拖拽控制点即可编辑曲线,要想删除某个控制点，只要将其拖拽到编辑区外即可。

（2）折回：将切变后超出图像边缘的部分反卷到图像的对边。

（3）重复边缘像素：将图像中因为切变变形超出图像的部分分布到图像的边界上。

6. 球面化

"球面化"滤镜能使图像产生一种球状面的形态效果，可以使选区中心的图像有凸出或凹陷的样式，类似挤压滤镜的效果。在菜单栏中执行"滤镜→扭曲→球面化"命令，在弹出的"球面化"对话框中进行参数设置，如图 7 – 14 所示。

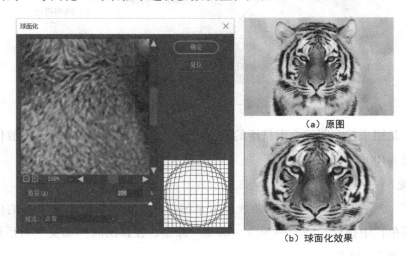

图 7 – 14   "球面化"滤镜

（1）数量：是控制图像进行球面化扭曲变形的程度大小。正值为向外凸起状，负值为向内收缩状，范围是 – 100% 到 100%。

（2）模式：用来设置球面化具体的挤压的方式。提供了"正常""水平优先"和"垂直优先"三种可选方式。

①正常：在图形的水平和垂直方向上共同变形；

②水平优先：只在图形水平方向上变形；

③垂直优先：只在图形垂直方向上变形。

7. 水波

"水波"滤镜是使图像能够产生类似同心圆形状的波纹效果。在菜单栏中执行"滤镜→扭曲→水波"命令，在弹出的"水波"对话框中进行参数设置，如图 7 – 15 所示。

（1）数量：是用于设置图像中波纹样式的起伏方向和大小，也就是波纹的幅度。数值越小，涟漪波纹越小；反之，数值越大，涟漪波纹就越大。

（2）起伏：适用于控制波纹样式生成的密度。数值越小，波纹样式就越少；数值越

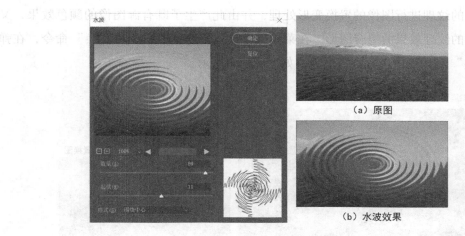

图 7 – 15　　"水波"滤镜

大，波纹样式就越多。

（3）样式：用来设置涟漪样式产生的方式。有三种样式可供选择，分别是"围绕中心""从中心向外"和"水池波纹"。

8. 旋转扭曲

"旋转扭曲"滤镜是围绕图像中心旋转扭曲图像，产生一种漩涡或风轮的感觉，中心比外围旋转程度要大。在菜单栏中执行"滤镜→扭曲→旋转扭曲"命令，在弹出的"旋转扭曲"对话框中进行参数设置，如图 7 – 16 所示。

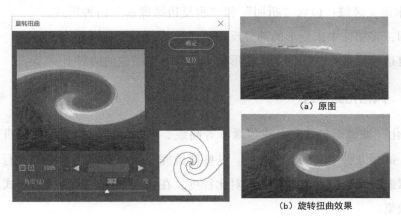

图 7 – 16　　"旋转扭曲"滤镜

（1）角度：用来调节旋转扭曲的角度方向。正值为沿顺时针方向旋转扭曲，负值为逆时针方向旋转扭曲，范围是 –999 度到 999 度。

9. 置换

"置换"滤镜可以产生图像所需要的任意的纹理效果。简单来说，就是一张图像依照其他图像的纹理进行图像的置换变形处理，并由此产生了既有源图像的颜色效果，又有置换图像的纹理效果的组合图形。在菜单栏中执行"滤镜→扭曲→置换"命令，在弹出的"置换"对话框中进行参数设置，如图7-17所示。

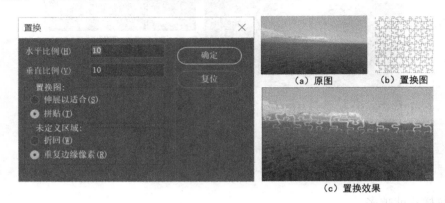

图 7 – 17   "置换" 滤镜

（1）水平比例：滤镜根据置换图的颜色值将图像的像素在水平方向上移动的距离。

（2）垂直比例：滤镜根据置换图的颜色值将图像的像素在垂直方向上移动的距离。

（3）置换图包含"伸展以适合"和"拼贴"两种形式。

①伸展以适合：对置换图像和源图像的尺寸大小进行匹配；

②拼贴：将置换图重复覆盖在图像上。

（4）未定义区域：包含"折回"和"重复边缘像素"两种形式。

①折回：将图像中未变形的部分反卷到图像的对边；

②重复边缘像素：将图像中未变形的部分分布到图像的边界上。

7.2.3 风格化滤镜组

"风格化"滤镜组包含有查找边缘、等高线、风、浮雕效果、扩散、拼贴、曝光过度、凸出、油画九种不同的滤镜功能。这些滤镜完全模拟真实艺术手法进行创作的，通过置换像素或通过查找并增加图像的对比程度，在选区中生成绘画风格形式或者是印象派的风格效果。

1. 查找边缘

"查找边缘"滤镜效果是用于标明图像中有明显过渡的区域并起到强调边缘的作用。简单来说就是将图像的高反差区域强化，低反差区域弱化，而这些对比强烈的边缘会转换为具有明显线条的样式，而对比柔和的边缘显性感则较弱，从而产生较为清晰的边界轮廓。

"查找边缘"实际上等于在白色背景上用深色线条进行图像的边缘勾画,主要是用于在图像的周围创建边框。

"查找边缘"滤镜是没有对话框的,使用此滤镜后直接在图像上生成"查找边缘"的滤镜效果。打开源图像生成"查找边缘"的滤镜后的效果如图 7 – 18 所示。

（a）原图　　　　　　　　　　　　（b）查找边缘

图 7 – 18　"查找边缘"滤镜

2. 等高线

"等高线"滤镜是用于查找主要亮度区域的过渡区域,以亮度区域的转换为基石,对于每个颜色通道都用细线勾画它们,形成类似于等高线图形中的线的效果。在菜单栏中执行"滤镜→风格化→等高线"命令,在弹出的"等高线"对话框中进行参数设置,如图 7 – 19 所示。

（a）原图

（b）等高线

图 7 – 19　"等高线"滤镜

（1）色阶:用来设置描绘等高线的亮度基准。可以通过拖动滑块或输入数值来指定色阶的数值,范围为 0 到 255。

（2）边缘:用来设置等高线产生的位置方法。

①较低:勾画图像边缘像素的颜色低于指定色阶的区域,这个时候就会在亮度基准

以下的边缘上生成等高线样式；

②较高：勾画图像边缘像素的颜色高于指定色阶的区域，这时就会在亮度基准以上的边缘上生成等高线样式。

注意：当执行"等高线"滤镜命令，弹出"等高线"对话框时，将鼠标放置在图像上，鼠标会变成方框形，这时候，在需要放大查看局部图像的区域单击一下鼠标左键，在"等高线"的对话框预览图像中就会显示鼠标单击的局部图形。

3. 风

"风"滤镜主要是模拟一种风吹过物体产生的浮动效果，实际上就是在图像中创建一些细小的水平短线来达到模拟刮风的效果。在菜单栏中执行"滤镜→风格化→风"命令，在弹出的"风"对话框中进行参数设置，如图 7 – 20 所示。

（a）原图

（b）风

图 7 – 20　"风"滤镜

（1）方法：用来设置风吹动的级别类型。提供了三种风吹动的形式："风""大风"和"飓风"，其中"风"的形式吹动力最小，类似细腻的微风吹动效果。"飓风"的形式是吹动力最大，也是效果最强烈的一种风的形式，使用飓风命令时图像会发生较大的变形。

（2）方向：用来设置风吹动的方向。提供了两种不同的风向吹动方向："从右"和"从左"。

4. 浮雕效果

"浮雕效果"滤镜就是将选区内的图像的填充色都转换为不同程度的灰色，加上原色的叠加，从而使选区显得凸起或压低的浮雕效果，对比度越大的图像浮雕的效果就越明显。在菜单栏中执行"滤镜→风格化→浮雕效果"命令，在弹出的"浮雕效果"对话框中进行参数设置，如图 7 – 21 所示。

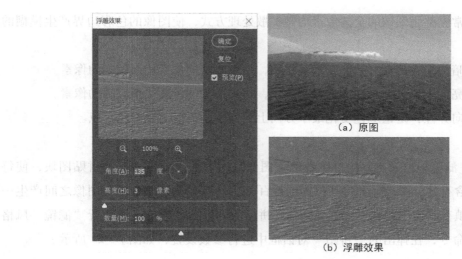

(a) 原图

(b) 浮雕效果

图 7-21　　"浮雕效果"滤镜

（1）角度：是设置光源照射的角度方向，角度不同浮雕凹凸的部位和轮廓亦不同。

（2）高度：是设置浮雕凸出的高度。

（3）数量：是设置浮雕滤镜作用于图像范围的细节程度，主要可以突出图像的细节。

5. 扩散

"扩散"滤镜效果是按规定的模式改变图像的像素，将相邻的像素进行一定距离的扩散、移动，使选区像素显得抖动，产生一种如同透过磨砂玻璃看物象的模糊效果。在菜单栏中执行"滤镜→风格化→扩散"命令，在弹出的"扩散"对话框中进行参数设置，如图 7-22 所示。

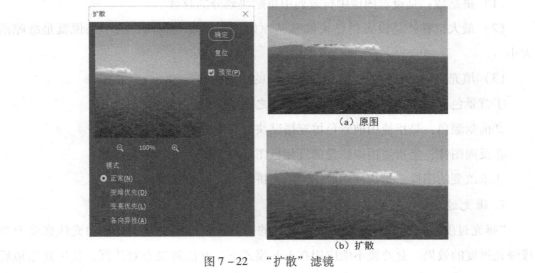

(a) 原图

(b) 扩散

图 7-22　　"扩散"滤镜

（1）正常：整张图像的全部像素均做扩散处理方式，使图像的色彩边界产生模糊的效果。

（2）变暗优先：只针对暗部像素起作用，是用较暗的像素代换较亮的像素。

（3）变亮优先：只针对亮部像素起作用，是用较亮的像素代换较暗的像素。

（4）各向异性：是指颜色变化最小方向上的像素进行搅乱以虚化焦点。

6. 拼贴

"拼贴"滤镜根据设定好的拼贴数值将图像分裂为若干个正方形的拼贴图块，使每个方块上都含有部分图像，并将其位置进行百分比偏移，使得每个方块图像之间产生一定的缝隙来填充其他图案，形成不规则瓷砖拼贴的效果。在菜单栏中执行"滤镜→风格化→拼贴"命令，在弹出的"拼贴"对话框中进行参数设置，如图7-23所示。

图 7 - 23 "拼贴"滤镜

（1）拼贴数：是设置图像中行或列中拼贴块划分的数量。

（2）最大位移：是设置拼贴块偏移其原始位置的最大距离，简单来说就是缝隙的大小。

（3）填充空白区域：是设置拼贴块间隙的图案样式。

①背景色：是指使用背景色填充拼贴块之间的缝隙；

②前景颜色：是指使用前景色填充拼贴块之间的缝隙；

③反向图像：是指使用原图像的反相色图像填充拼贴块之间的缝隙；

④未改变的图像：是指使用原图像填充拼贴块之间的缝隙。

7. 曝光过度

"曝光过度"滤镜通过混合正片和负片的图像，模拟在摄影中由增加光线强度而形成曝光过度的效果。此滤镜不能应用在 Lab 模式下。此滤镜没有对话框，使用此滤镜后直接在图像上生成"曝光过度"的滤镜效果。打开源图像生成"曝光过度"的滤镜后的效果如图 7 – 24 所示。

（a）原图　　　　　　　　（b）曝光过度

图 7 – 24　"曝光过度"滤镜

8. 凸出

"凸出"滤镜是将图像分割为指定的三维立方块或金字塔形棱锥体，并有机地重叠放置，以此来改变图像或者生成特殊的三维背景效果。此滤镜不能应用在 Lab 模式下。在菜单栏中执行"滤镜→风格化→凸出"命令，在弹出的"凸出"对话框中进行参数设置，如图 7 – 25 所示。

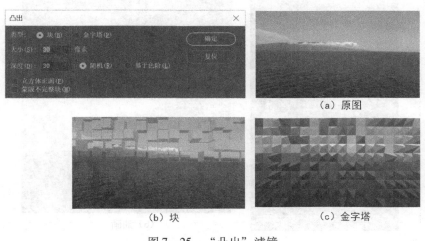

（a）原图

（b）块　　　　　　　　（c）金字塔

图 7 – 25　"凸出"滤镜

（1）类型：是设置图形凸出的形式。

①块：它可以生成一个方形正面和四个侧面的立方体样式，将用图像填充立方块的正面；

②金字塔：它可以将图像分解为类似金字塔的三棱锥体。

（2）大小：用来设置"块"的立方体或者"金字塔"的锥体底面的尺寸大小。

（3）深度：用来设置图像中"块"凸出的高度。

①随机：会为图像中每一个凸出立体设置一个任意高度；

②基于色阶：选中此项后，使图像当中的"块"的深度随着色阶的不同而定。实际上，它可以让每个立体的高度与其亮度相对应，越亮的立体就越凸出，深度就越大。

（4）立方体正面：勾选此复选框，图像整体的颜色，轮廓都会不同，在此基础上生成的立方体只能显示单一的颜色。

（5）蒙版不完整块：是用来设置隐藏所有延伸出选区的图形对象，使所有凸出"块"都包括在区域内。

注意：当选择"金字塔"类型时，不能勾选"立方体正面"复选框。

9. 油画

"油画"滤镜可以将图像转换为具有经典油画的视觉效果，此滤镜不能应用在 Lab 模式、CMYK 模式和灰度模式下。在菜单栏中执行"滤镜→风格化→油画"命令，在弹出的"油画"对话框中进行参数设置，如图 7 – 26 所示。

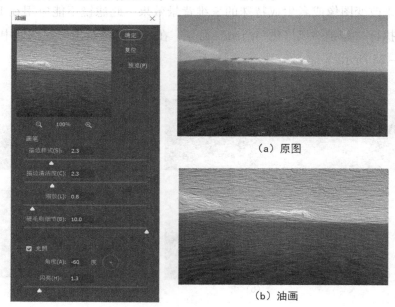

（a）原图

（b）油画

图 7 – 26   "油画"滤镜

（1）描边样式：调整描边样式由褶皱到平滑的效果，范围从 0 至 10。

（2）描边清洁度：控制的是画笔边缘效果，低设置值可以获得更多的纹理和细节，而高设置值可以得到更加清洁的效果。

（3）缩放：缩放可以控制画笔的大小，低设置值就是小而浅的笔刷，高设置值就是大而厚的笔刷。

（4）硬毛刷细节：硬毛刷细节可以控制画笔笔毛的软硬程度。低设置值就是软轻的笔触效果，高设置值就是硬重的笔触效果。

（5）光照选项：光照选项有两个设置项"角度"和"闪亮"。

①角度：控制光源的角度；

②闪亮：调整光照强度，从而影响整体画面的光影效果。

7.2.4　模糊滤镜组

"模糊"滤镜组包含有表面模糊、动感模糊、方框模糊、高斯模糊、进一步模糊、径向模糊、镜头模糊、模糊、平均、特殊模糊、形状模糊 11 种不同的滤镜功能。"模糊"滤镜组主要是在图像中对比过于强烈的像素上进行弱化处理，能在不同程度上对图像中过于清晰或对比度过于强烈的相邻像素进行削弱和柔化，使图像产生一种模糊效果。它主要是通过平衡图像中已定义的线条和遮蔽区域的清晰边缘旁边的像素，使图像变化显得柔和。对图像的缺陷进行掩盖，也能创造出更多的特殊效果。

1. 表面模糊

"表面模糊"滤镜在保留图像边缘的同时进行模糊的处理，主要是可以去除图像中的杂色或颗粒度，从而创建一些特殊的效果。在菜单栏中执行"滤镜→模糊→表面模糊"命令，在弹出的"表面模糊"对话框中进行参数设置，如图 7 - 27 所示。

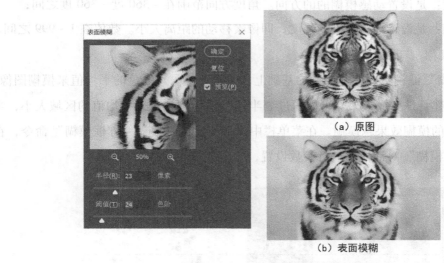

（a）原图

（b）表面模糊

图 7 - 27　"表面模糊"滤镜

（1）半径：用来设置处理图像时模糊取样区域的大小。

（2）阈值：以滑块选项控制在相邻的像素颜色值与中心像素颜色值相差为多少时才能成为模糊的一部分，颜色值相差小于阈值的像素就会被排除在模糊样式之外。

2. 动感模糊

"动感模糊"滤镜是一种动态的模糊效果，对图像沿着指定的方向以指定的强度进行模糊，该滤镜可产生加速运动的形态，使图像产生一种速度感的效果。在菜单栏中执行"滤镜→模糊→动感模糊"命令，在弹出的"动感模糊"对话框中进行参数设置，如图 7-28 所示。

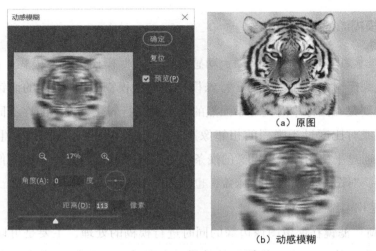

图 7-28 "动感模糊"滤镜

（1）角度：是设置动感模糊的的方向。角度方向范围在 -360 度 ~360 度之间；

（2）距离：是设置动感模糊的强度，即像素移动的距离大小。数值在 1~999 之间。

3. 方框模糊

"方框模糊"滤镜是在相邻像素的基础上，去除杂色取其颜色的平均值来模糊图像。该滤镜用于创建特殊模糊效果。可以通过"半径"滑块调整像素平均值的区域大小，半径越大，产生的模糊效果越模糊。在菜单栏中执行"滤镜→模糊→方框模糊"命令，在弹出的"方框模糊"对话框中进行参数设置，如图 7-29 所示。

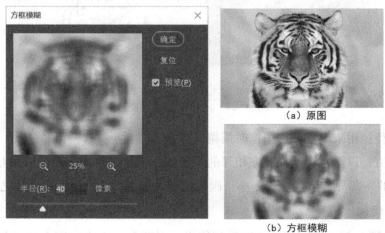

图 7-29 "方框模糊"滤镜

4. 高斯模糊

"高斯模糊"滤镜是通过按半径指定值的设置快速对图像进行模糊,相当于传统摄影中的柔焦,对图像边缘进行一些细节上的轻微柔化处理,产生一种朦胧的效果。在菜单栏中执行"滤镜→模糊→高斯模糊"命令,在弹出的"高斯模糊"对话框中进行参数设置,如图 7 - 30 所示。

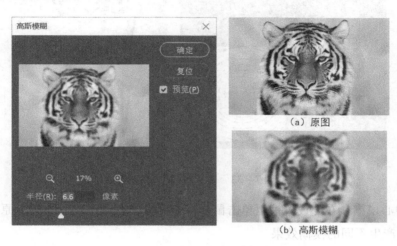

（a）原图

（b）高斯模糊

图 7 - 30　"高斯模糊"滤镜

半径：是用滑块来控制模糊像素范围的大小。数值在 0.1～1000 之间。

5. 进一步模糊

"进一步模糊"滤镜是指图像在原有模糊的基础上,再一次进行模糊处理。一般而言,可以在图像中还有着显著颜色变化的地方进行杂色的消除。该滤镜没有对话框,使用此滤镜后直接在图像上生成"进一步模糊"的滤镜效果。打开源图像生成"进一步模糊"的滤镜后的效果如图 7 - 31 所示。

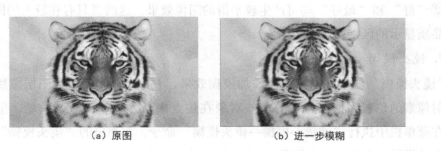

（a）原图　　　　　　　　　　（b）进一步模糊

图 7 - 31　"进一步模糊"滤镜

6. 径向模糊

"径向模糊"滤镜是模拟相机在旋转或前后推拉时拍摄对象所产生的效果。在菜单栏中执行"滤镜→模糊→径向模糊"命令，在弹出的"径向模糊"对话框中进行参数设置，如图 7 - 32 所示。

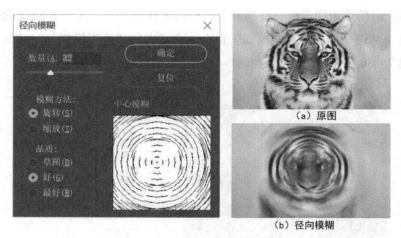

（a）原图

（b）径向模糊

图 7 - 32 "径向模糊"滤镜

（1）中心模糊：在此设置框里单击鼠标，则可将单击点设置为模糊的原点，不同的原点位置会产生不同的模糊效果。

（2）数量：用来设置模糊的程度。数值为 1 ~ 100，数值越小，改变越小；数值越大，改变越大。

（3）模糊方法：提供了"旋转"和"缩放"两种可供选择的模糊方法。

①旋转：是按指定的旋转角度做同心圆环形旋转以此产生的模糊效果；

②缩放：是使图像从中心点向四周产生放射状的模糊效果。

（4）品质：用来设置图像模糊后图像的显示品质。

①草图：会产生颗粒状的图像效果，处理速度快；

②"好"和"最好"均可产生较平滑的图像效果，这两者只有在较大的图像上才能看出品质显示的区别。

7. 镜头模糊

"镜头模糊"滤镜可以为图像添加模糊效果，并用 Alpha 通道或图层蒙版的深度值来映射像素的位置，使图像中的一些对象在焦点内，另一些区域变模糊，生成景深效果。在菜单栏中执行"滤镜→模糊→镜头模糊"命令，在弹出的"镜头模糊"对话框中进行参数设置，如图 7 - 33 所示。

（1）更快：勾选此复选框，可提高预览的速度，但只是显示滤镜应用的大致效果。

（2）更加准确：勾选此复选框，可以查看图像应用滤镜生成的最终效果，但是处理的时间会比较长。

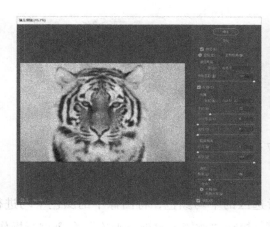
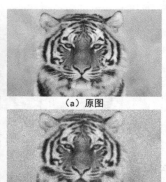

（a）原图

（b）镜头模糊

图7-33 "镜头模糊"滤镜

（3）深度映射：可以用来设置模糊的区域。

①源：下拉菜单列表提供了"透明度"和"图层蒙版"的深度映射方式；

②模糊聚焦：用来设置位于图像焦点内的深度；

③反相：复选框可以反转模糊区域，然后再将其应用。

（4）光圈：用来设置模糊的显示方式。

①形状：下拉菜单列表提供了设置使用可进行选择的光圈形状；

②半径：用来设置调整模糊的数量；

③叶片弯度：用来设置光圈边缘的平滑处理，值越大，光圈边缘越圆滑；

④旋转：用来旋转光圈，调整其角度。

（5）镜面高光：是可以调整镜面高光的反射程度。

①亮度：用来设置高光区域的亮度；

②阈值：用来设置亮光的范围，比该值亮的所有像素均被认为是镜面高光。

（6）杂色：是用来在图像中添加或减少杂点的数量。

①数量：是用来控制杂点的数量；

②分布：用来设置杂点的分布方式。提供了"平均分布"和"高斯分布"两种方式。"高斯分布"比"平均分布"得到的杂点效果更为随机。

（7）单色：勾选此复选框，在不影响颜色的前提下为图像添加灰色杂点。

8. 模糊

"模糊"滤镜是将图像的细节进行轻微的模糊处理，以达到减少图像中的杂色的目的，从而使图像色彩的过渡更加的自然，该滤镜没有对话框，执行"滤镜→模糊→模糊"命令进行操作，如图7-34所示。

（a）原图 （b）模糊

图 7 - 34　"模糊"滤镜

9. 平均

"平均"滤镜就是找出图像或者选区的平均颜色，将图像中的颜色平均进行处理，创建平滑的外观。该滤镜没有对话框，执行"滤镜→模糊→平均"命令进行操作，如图 7 - 35 所示。

（a）原图 （b）平均

图 7 - 35　"平均"滤镜

10. 特殊模糊

"特殊模糊"滤镜可以对图像中颜色相近的区域进行更精确的模糊处理，使图像中模糊的区域更模糊，清晰的区域更清晰。在菜单栏中执行"滤镜→模糊→特殊模糊"命令，在弹出的"特殊模糊"对话框中进行参数设置，如图 7 - 36 所示。

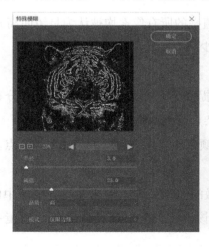 

（a）原图

（b）特殊模糊

图 7 - 36　"特殊模糊"滤镜

（1）半径：是用来设置模糊范围的大小，值越大，应用模糊的像素越多。

（2）阈值：是用来设置应用在相似颜色上的模糊范围，低于这个值的将被模糊处理。

（3）品质：用来设置图像的品质强度，提供了"低""中""高"三种品质级别。

（4）模式：用来设置模糊的模式。提供了"正常""仅限边缘""叠加边缘"三种模式。

①正常：将图像进行模糊；

②仅限边缘：可以勾画出图像的色彩边界；

③叠加边缘：前两种模式的叠加效果。

11．形状模糊

"形状模糊"滤镜可以运用选定的形状进行图像的模糊处理，产生特殊的模糊效果，如图 7 - 36 所示。

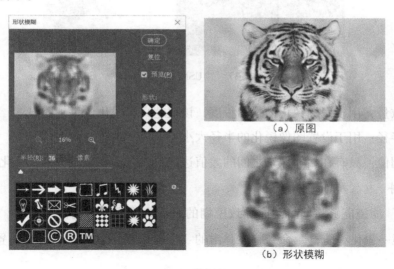

（a）原图

（b）形状模糊

图 7 - 36   "形状模糊"滤镜

（1）半径：用来设置模糊形状的大小。

（2）形状列表：列表中提供了可选的形状图案。单击列表右上角的 ▓ 按钮，可载入其他形状到图形库中。

7.2.5 锐化滤镜组

"锐化"滤镜组包括 USM 锐化、防抖、进步锐化、锐化、锐化边缘，智能锐化六种不同的滤镜功能。"锐化"滤镜组中的滤镜可以增强图像中相邻像素间的对比度来聚焦模糊的图像，从而使图像变清浙。

1. USM 锐化

"USM 锐化"滤镜用于查找图像中颜色变化较为明显的区域并将其锐化。在菜单栏中执行"滤镜→锐化→USM 锐化"命令，在弹出的"USM 锐化"对话框中进行参数设置，如图 7 – 37 所示。

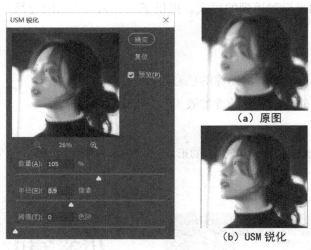

图 7 – 37　"USM 锐化"滤镜

（1）数量：用于设置锐化的精细程度，该值越高，锐化效果越明显。

（2）半径：用于设置图像锐化的半径大小。

（3）阈值：只有在相邻像素之间的差值达到所设置的阈值时才会被锐化。

2. 防抖

"防抖"滤镜能够将因抖动而导致模糊的照片修改成正常的清晰效果。在菜单栏中执行"滤镜→锐化→防抖"命令，在弹出的"防抖"对话框中进行参数设置，如图 7 – 38 所示。

图 7 – 38　"防抖"滤镜

（1）模糊临摹边界：指定模糊临摹边界的大小，取值范围为 10～199，数值越大，锐化效果越明显。当该参数取值较高时，图像边缘的对比会明显加深，并会产生一定的晕影。

（2）源杂色：指定原图像杂色，分为四个值："自动""低""中""高"，指的是为原片中锐化后杂色多还是少。

（3）平滑：平滑锐化导致的杂色，取值范围在 0%～100% 之间，是对临摹边界所导致杂色的一个修正。

（4）伪像抑制：抑制较大的伪像，取值范围在 0%～100% 之间，专门处理锐化过度的问题，平衡清晰度与图像之间的关系。

（5）高级：提供了多区域取样功能。

3. 进一步锐化

"进一步锐化"滤镜是指产生比锐化滤镜更强的锐化效果，该滤镜没有对话框，使用此滤镜后直接在图像上生成"进一步锐化"的滤镜效果。打开原图像生成"进一步锐化"的滤镜后的效果如图 7–39 所示。

（a）原图　　　　　　　　　　　（b）进一步锐化

图 7–39　"进一步锐化"滤镜

4. 锐化

"锐化"滤镜是指产生比较简单的锐化效果，该滤镜没有对话框，使用此滤镜后直接在图像上生成"锐化"的滤镜效果。打开原图像生成"锐化"的滤镜后的效果如图 7–40 所示。

5. 锐化边缘

"锐化边缘"滤镜与"锐化"滤镜的效果相同，但它只是锐化图像的边缘。该滤镜没有对话框，使用此滤镜后直接在图像上生成"锐化边缘"的滤镜效果。打开源图像生成"锐化边缘"的滤镜后的效果如图 7–41 所示。

（a）原图   （b）锐化

图 7 - 40   "锐化"滤镜

（a）原图   （b）锐化边缘

图 7 - 41   "锐化边缘"滤镜

6. 智 能 锐 化

"智能锐化"滤镜可以查找图像中颜色变化较为明显的区域并将其锐化。智能锐化可以设置锐化算法，或控制在阴影和高光区域中进行的锐化量。在菜单栏中执行"滤镜→锐化→智能锐化"命令，在弹出的"智能锐化"对话框中进行参数设置，如图 7 - 42所示。

（1）预设：一般是默认设置，也可对其他参数进行设置后存储起来，以后再调出来使用。

（2）数量：对锐化图像的精细程度进行设置，数值越高，边缘之间的对比度越强。

（3）半径：指的是边缘像素周围受锐化影响的像素数量。半径值越大，受影响的边缘就越宽，锐化的效果也就越明显。

（4）减少杂色：减少不需要的杂色，同时保持重要边缘不受影响。

（5）移去：设置用于对图像进行锐化的锐化算法。

①高斯模糊："USM 锐化"滤镜使用的方法；

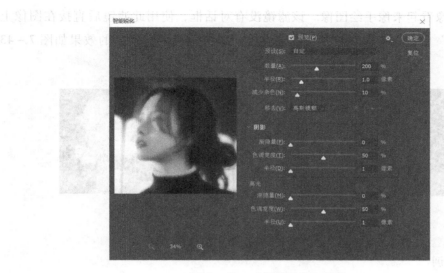

图 7－42 "智能锐化"滤镜

②镜头模糊：检测图像中的边缘和细节，对细节进行更精细的锐化，并减少了锐化光晕；

③动感模糊：减少由于相机或主体移动而导致的模糊效果。如果选取了"动感模糊"，可以设置"角度"。

（6）阴影/高光：使用"阴影"和"高光"选项卡调整较暗和较亮区域的锐化。如果暗的或亮的锐化光晕看起来过于强烈，可以使用这些控件减少光晕。

①渐隐量：调整高光或阴影中的锐化量；

②色调宽度：控制阴影或高光中色调的修改范围；向左移动滑块会减小"色调宽度"值，向右移动滑块会增加该值；较小的值会限制只对较暗区域进行阴影校正的调整，并只对较亮区域进行"高光"校正的调整；

③半径：控制每个像素周围的区域的大小，半径大小用于决定像素是在阴影还是在高光中。

7.2.6 像素化滤镜组

"像素化"滤镜组包括彩块化、彩色半调、点状化、晶格化、马赛克、碎片、铜版雕刻七种不同的滤镜功能。"像素化"滤镜组中的滤镜是通过使单元格中颜色相似的像素结成块，将这些区域转变为相应的色块。

1. 彩块化

"彩块化"滤镜可以将纯色或者颜色相近的像素结成相近颜色的像素块，使用此滤镜可以使图像看起来像手绘图像。该滤镜没有对话框，使用此滤镜后直接在图像上生成"彩块化"的滤镜效果。打开源图像生成"彩块化"的滤镜后的效果如图 7 – 43 所示。

（a）原图 （b）彩块化

图 7 – 43 "彩块化"滤镜

2. 彩色半调

"彩色半调"将图像中每种颜色分离、分散为随机分布的网点，如同点状绘画效果。滤镜将图像划分为矩形，并用圆形替换每个矩形。圆形的大小与矩形的亮度成比例。在菜单栏中执行"滤镜→像素化→彩色半调"命令，在弹出的"彩色半调"对话框中进行参数设置，如图 7 – 44 所示。

（a）原图

（b）彩色半调

图 7 – 44 "彩色半调"滤镜

（1）最大半径：生成的网点的最大半径，取值范围为 4 ~ 127 像素；

（2）网角（度）：对图像各个原色通道进行设置。

3. 点状化

"点状化"滤镜将图层重新绘制为随机放置的点，并且使用工具箱中的背景颜色作为点之间的画布之间的色彩填充。在菜单栏中执行"滤镜→像素化→点状化"命令，在弹出的"点状化"对话框中进行参数设置，如图7-45所示。

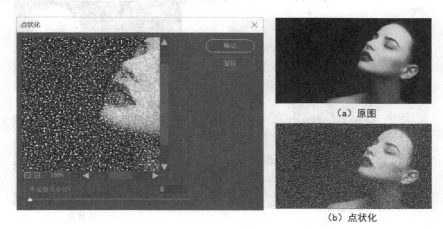

(a) 原图

(b) 点状化

图7-45 "点状化"滤镜

单元格大小：生成的单元格的最大半径，取值范围为3~300；

4. 晶格化

"晶格化"滤镜将图层重新绘制为多边形的颜色块。在菜单栏中执行"滤镜→像素化→晶格化"命令，在弹出的"晶格化"对话框中进行参数设置，如图7-46所示。

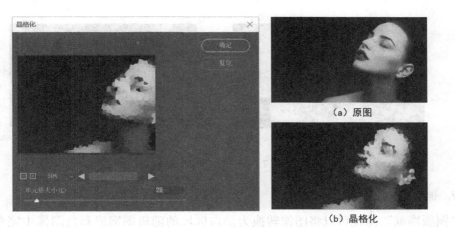

(a) 原图

(b) 晶格化

图7-46 "晶格化"滤镜

单元格大小：生成的单元格的最大半径，取值范围为3~300；

5. 马赛克

"马赛克"滤镜将图层重新绘制为彩色的正方块。在菜单栏中执行"滤镜→像素化→马赛克"命令，在弹出的"马赛克"对话框中进行参数设置，如图7-47所示。

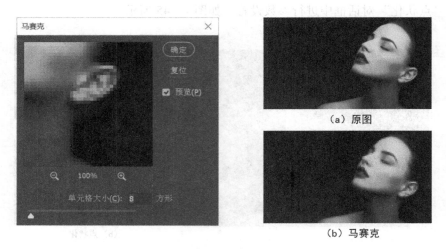

图 7 - 47　"马赛克"滤镜

单元格大小：生成的每个多边形色块的最大半径，取值范围为 3 ~ 300；

6. 碎片

"碎片"滤镜重新绘制图层，使得看上去存在偏移和模糊的效果。该滤镜没有对话框，使用此滤镜后直接在图像上生成"碎片"的滤镜效果。打开源图像生成"碎片"的滤镜后的效果如图 7 - 48 所示。

图 7 - 48　"碎片"滤镜

7. 铜版雕刻

"铜版雕刻"滤镜可以将图像转换为黑白区域的随机图案或彩色图像中完全饱和颜色的随机图案。在菜单栏中执行"滤镜→像素化→铜版雕刻"命令，在弹出的"铜版雕刻"对话框中进行参数设置，如图 7 - 49 所示。

类型：选取网点图案，可以选择点、线或描边图案。

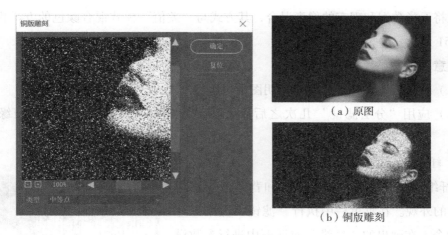

（a）原图

（b）铜版雕刻

图 7 - 49 "铜版雕刻"滤镜

7.2.7 渲染滤镜组

"渲染"滤镜组包括分层云彩、光照效果、镜头光晕、纤维、云彩等滤镜。可以在图像中创建 3D 形状、云彩图案、折射图案或者模拟光的反射，是 Photoshop 中一个十分重要的特效制作滤镜。

1. 云彩

"云彩"滤镜通过使用介于前景色与背景色之间的随机值，生成柔和的云彩图案。该滤镜没有对话框，使用此滤镜后直接在图像上生成"云朵"的滤镜效果，如图 7 - 50 所示。

注意：

（1）要生成色彩较为分明的云彩图案，可使用 Alt 键（Windows）或 Option 键（Mac OS）。

（2）再次应用"云彩"滤镜时，现用图层上的图像数据会被替换。

图 7 - 50 "云彩"滤镜

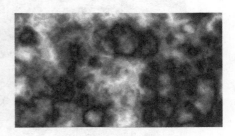

图 7 - 51 "分层云彩"滤镜

2. 分层云彩

"分层云彩"滤镜使用随机生成的介于前景色与背景色之间的值，生成云彩图案。

此滤镜将云彩数据和现有的像素混合，其方式与"差值"模式混合颜色的方式相同。如图 7-51 所示。

注意：

（1）分层云彩效果不能够在透明图层中运用。

（2）应用"分层滤镜"几次之后，会创建出与大理石的纹理相似的凸缘与叶脉图案。

3. 纤维

"纤维"滤镜通过使用前景色和背景色创建编织纤维的外观。在菜单栏中执行"滤镜→渲染→纤维"命令，在弹出的"纤维"对话框中进行参数设置，如图 7-52 所示。

（1）差异：控制颜色的变化方式，较低的值产生较长的纤维，而较高的值会产生短且颜色分布变化大的纤维。

（2）强度：控制每根纤维的外观，较低的值会产生松散的织物，较高的值会产生短的绳状纤维。

（3）随机化：更改图案的外观。

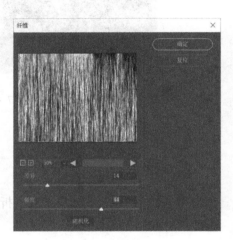

图 7-52 "纤维"滤镜

4. 镜头光晕

"镜头光晕"滤镜可以模拟亮光照射到相机镜头所产生的折射。通过单击图像缩览图的任一位置或拖动其十字线，指定光晕中心的位置。在菜单栏中执行"滤镜→渲染→镜头光晕"命令，在弹出的"镜头光晕"对话框中进行参数设置，如图 7-53 所示。

（a）原图

（b）镜头光晕

图 7-53 "镜头光晕"滤镜

（1）亮度：用来控制光晕的强度，变化值为 10% ~ 300%。

（2）镜头类型：用来选择产生光晕的镜头类型。

5. 光照效果

"光照效果"滤镜可以在 RGB 图像上产生不同的光照效果。也可以使用灰度文件的纹理（称为凹凸图）产生类似 3D 的效果。在菜单栏中执行"滤镜→渲染→光照效果"命令，在弹出的"光照效果"对话框中进行参数设置，如图 7 – 54 所示。

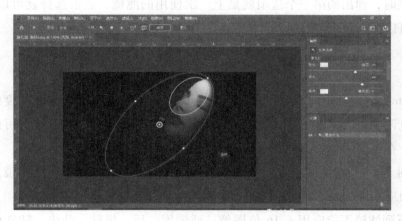

图 7 – 54　"光照效果"滤镜

（1）预设 ：选取光照模式。

（2）光照类型 ：可以选择光照射的类型，可以选择点测光、无限光或点光。

①点光：光在图像正上方的各个方向照射；

②无限光：使光照射在整个平面上；

③点测光：投射一束椭圆形的光柱。

（3）着色：单击以填充整体光照。

（4）曝光度：控制高光和阴影细节。

（5）光泽：确定表面反射光照的程度。

（6）金属质感：确定光照或光照投射到的对象的反射率。

（7）环境：漫射光，使该光照如同与室内的其他光照相结合。选取数值 100 表示只使用此光源，或者选取数值 – 100 移去此光源。

7.3 滤镜的使用技巧

7.3.1 重复使用滤镜

在实际应用中我们为了达到想要的效果，需要多次重复使用一个滤镜，在 Photoshop 中提供了重复使用滤镜的选择，在实际制作中可以大大提高我们工作效率。在点击"滤镜"菜单栏时，弹出的第一个选项就是上一次使用的滤镜，点击选择就可以重复使用。重复使用可以达到对效果的加强，快捷键为 Ctrl + Alt + F。

7.3.2 滤镜与颜色模式的关系

在 Photoshop 中常用的颜色模式有 RGB、CMYK、Lab、位图模式、灰度模式、索引模式、双色调模式、多通道模式等。各种色彩模式之间存在一定的通性，可以很方便地相互转换。在不同的颜色模式中可以使用的滤镜是不一样的。

（1）对于 8 位/通道的图像，可以通过"滤镜库"累积应用大多数滤镜。所有滤镜都可以单独应用。

（2）下列滤镜不能应用于 16 位图像：滤镜库、风、拼贴、凸出、特殊模糊、光照效果。

（3）下列滤镜不能应用于 32 位图像：滤镜库、自适应广角、镜头矫正、液化、消失点、Camera Raw 滤镜、查找边缘、风、拼贴、凸出、曝光过度、镜头模糊、特殊模糊、锐化边缘、光照效果、减少杂色、蒙尘与划痕、去斑、中间值、HSB/HSL。

（4）有些滤镜只对 RGB 图像起作用。

7.3.3 智能滤镜

运用滤镜可以为同一图像添加两个以上的滤镜效果，但是滤镜需要修改图像像素才能呈现特效，也就是说滤镜效果的修改只限于在滤镜库对话框中。一旦关闭滤镜库对话框，所作用的图像将无法再次查看混合滤镜中的单个效果。如果想要设置的滤镜还可以多次的修改，可以选择使用智能滤镜。

应用于智能对象的滤镜称之为智能滤镜。如果需要使用智能滤镜，首先需要将图层转换为智能对象（如果尚未创建），在菜单栏中执行"滤镜→转化为智能滤镜"命令，再使用其他滤镜效果，这时候滤镜效果就转化为智能滤镜。

（1）智能滤镜将出现在"图层"面板中应用智能滤镜的智能对象图层的下方。

（2）智能滤镜是非破坏性的，可以重新排序、复制或删除智能滤镜。

（3）智能滤镜应用于某个智能对象时，Photoshop 会在"图层"面板中该智能对象下方的智能滤镜行上显示一个空白蒙版缩览图。可有选择地遮盖智能滤镜。

7.4 案例分析

7.4.1 用滤镜制作水波纹海报

本例通过对所学习过的滤镜命令进行综合运用，达到巩固知识点的效果。

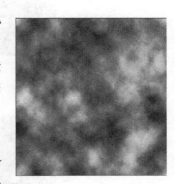

（1）新建图像文件，尺寸为 1000×1000 像素，设置前景色为白色（# ffffff），背景色为黑色（# 000000），在菜单栏中执行"滤镜→渲染→云彩"命令，如图 7-55 所示。

（2）在菜单栏中执行"滤镜→转换为智能滤镜"命令，将图层转换为智能对象，执行"滤镜→模糊→径向模糊"命令，数量：14，模糊方法：旋转，品质：最好，中心模糊的中点在右下角。

图 7-55　云彩滤镜

（3）在菜单中执行"滤镜→滤镜库→铬黄渐变"命令，细节：4，平滑度：7，如图 7-56 所示。

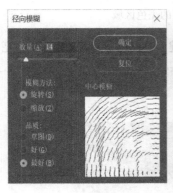
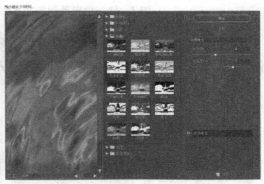

图 7-56　制作水波纹

（4）新建色相/饱和度调整图层，色相：220，饱和度：25，明度：10，如图 7-57 所示。

（5）盖印图层（快捷键 Ctrl + Shift + Alt + E），执行"选择→色彩范围"命令，颜色容差：30，点击水面的亮色选区，如图 7-58 所示。

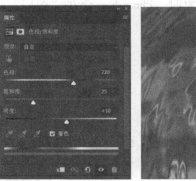

图 7 – 57　色相/饱和度调整图层

图 7 – 58　色彩范围选择水面的亮色区域

（6）将水面的亮色选区复制为新选区（快捷键 Ctrl + J），命名为"水面亮色"，新建色相/饱和度调整图层，建立"水面亮色"的剪贴蒙版，色相：3，饱和度：–21，明度：20，如图 7 –59 所示。

图 7 – 59　用色相/饱和度调整水面亮色

（7）建立曲线调整图层，曲线调整如图7-60所示。

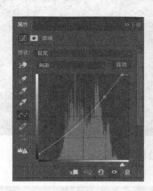

图7-60　建立曲线调整图层

（8）盖印图层（快捷键 Ctrl + Shift + Alt + E），执行"选择→杂色→添加杂色"命令，数量：4%，分布：平均分布，点选单色，调整如图7-61所示。

图7-61　添加杂色

（9）绘制矩形框，描边：0.5，使用"横排文字工具"，键入"contrived"，字体为"Engravers MT"，字体大小为"16点"，放入中间，绘制直线，以及"The first step of strong is to end melodramatic."，字体"Engravers MT"，字体大小"6点"，完成制作，如图7-62所示。

图7-62　水波纹海报

7.4.2　用极坐标制作古风海报

（1）打开素材"第七章-素材-风景"，在菜单栏中执行"滤镜→扭曲→极坐标"命令，选择"平面坐标到极坐标"，如图7-63所示。

（2）在菜单栏中执行"滤镜→扭曲→挤压"命令，数量：43，如图7-64所示。

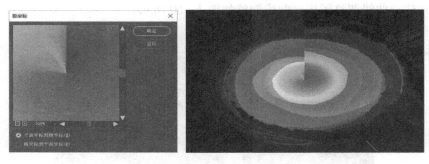

图 7 – 63　"极坐标"滤镜

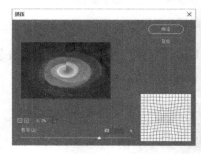

图 7 – 64　"挤压"滤镜

（3）利用"裁剪工具"沿着缝隙裁剪，自由变换（快捷键 Crtl + T），将中间的圆形变得更圆，如图 7 – 65 所示。

（4）将"第七章 – 素材 – 人物""第七章 – 素材 – 字体"载入文件，如图 7 – 66 所示。

图 7 – 65　裁剪工具　　　　　　　　图 7 – 66　载入素材

（5）盖印图层（快捷键 Ctrl + shift + Alt + E），在菜单栏中执行"滤镜→杂色→添加杂色"命令，数量：6，完成制作，如图 7 – 67 所示。

图 7 – 67　古风海报

7.5　实战案例

7.5.1　制作蒸汽波海报

本例通过对所学习过的滤镜命令进行综合运用，达到巩固知识点的效果。

（1）新建图像文件，尺寸为 50 cm×70 cm，分辨率为 72，新建图层，填充颜色：粉色（#f8a1eb），如图 7 – 68 所示。

（2）打开素材"第七章 – 素材 – 人像"，去掉素材背景，粘贴进文件，放置到合适位置，如图 7 – 69 所示。

图 7 – 68　填充粉色（#f8a1eb）　　　图 7 – 69　置入素材

（3）在菜单栏中执行"滤镜→扭曲→切变"命令，上半身不变，下半身做切变效果，图层命名为"人像 – 切变"，如图 7 – 70 所示。

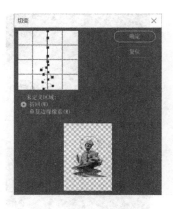

图 7 – 70 "切变"滤镜

（4）复制"人像 – 切变"图层（快捷键 Ctrl + J），放置在"人像 – 切变"图层之下，在菜单栏中执行"滤镜→扭曲→波浪"命令，生成器数：7，波长最小：43，最大：71，波幅最小：1，最大：29，命名为"人像 – 切变波浪"图层，图层不透明度：70%，如图 7 – 71 所示。

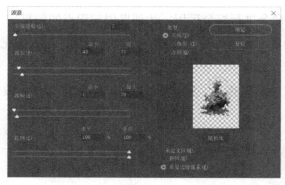

图 7 – 71 "波浪"滤镜

（5）在"人像 – 切变波浪"图层之下新建图层，用椭圆选框工具绘制圆形填充线性渐变，颜色为（#f4f875，#72dfe9），命名为"圆形"图层，如图 7 – 72 所示。

（6）复制"圆形"图层，放置到"圆形"图层之下，在菜单栏中执行"滤镜→模糊→高斯模糊"，半径：160 像素，命名为"圆形 – 模糊"图层，如图 7 – 73 所示。

（7）复制"圆形"图层，放置到"圆形 – 模糊"图层之下，命名为"圆形 – 液化"，在菜单栏中执行"滤镜→液化"命令，再用"涂抹工具"涂抹出流淌效果，如图 7 – 74 所示。

（8）在图层顶部绘制边框，边框颜色为（#933171），命名为"边框"图层，如图 7 – 75 所示。

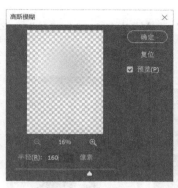

图 7 - 72　绘制"圆形"图层　　　　　图 7 - 73　　"高斯模糊"滤镜

图 7 - 74　　"液化"滤镜

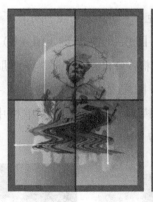

图 7 - 75　绘制边框　　　　　图 7 - 76　绘制折痕效果

（9）在"边框"图层上新建空白图层，命名为"折痕"，设置前景色为黑色（#000000），用矩形工具框选选区，选择渐变工具，选择"前景色到透明渐变"，绘制出折痕效果，设置图层不透明度为20%，如图 7 - 76 所示。

（10）盖印图层（快捷键 Ctrl + Shift + Alt + E），添加杂色，数量：6，点选单色，如

图 7 - 77 所示。

（11）输入"JESUS"，字体为"Lucida San"，字体大小为"204 点"，完成制作，如图 7 - 78 所示。

图 7 - 77　添加杂色　　　　　　　　　　　　图 7 - 78　蒸汽波海报

7.5.2　制作科幻风海报

（1）新建图像文件，在 Photoshop 中选择"海报"，尺寸为 24 英寸 ×18 英寸，分辨率为 300。

（2）打开素材"第七章 - 素材 - 赛博朋克"，粘贴进文件，自由变换（快捷键 Ctrl + T），使其平铺整个图层，图层命名为"赛博朋克"，如图 7 - 79 所示。

（3）复制"赛博朋克"图层（快捷键 Ctrl + J），图层命名为"赛博朋克 - 模糊"，再次复制"赛博朋克"图层（快捷键 Ctrl + J），图层命名为"赛博朋克 - 凸出"。

图 7 - 79　素材 - 赛博朋克

（4）选择"赛博朋克 - 模糊"图层，在菜单栏中执行"滤镜→模糊→高斯模糊"命令，半径：50 像素，如图 7 - 80 所示。

图 7 - 80　高斯模糊

（5）选择"赛博朋克－凸出"图层，在菜单栏中执行"滤镜→风格化→凸出"命令，大小：30，深度：200，勾选"立方体正面"，如图7－81所示。

图7－81　凸出效果

（6）选择"赛博朋克－凸出"图层，自由变换（快捷键 Ctrl + T），再按住"Shift + Alt"键，进行基于中心点的自由变换，如图7－82所示。

（7）为"赛博朋克－凸出"图层添加蒙版，将边缘擦掉，如图7－83所示。

图7－82　自由变换　　　　　　　　　　图7－83　添加蒙版

（8）打开素材"第七章－素材－LOGO"，粘贴进文件，完成制作，如图7－84所示。

图7－84　完成制作

7.6 小结

本章主要介绍了 Photoshop 强大的滤镜功能，包括滤镜的分类、滤镜的使用技巧，在 Photoshop 中通过对滤镜的使用，可以非常方便地修改图形图像，或是产生变形等一些特殊的效果。通过本章的学习以及实例的操作，能够快速地掌握知识要点，应用丰富的滤镜资源，制作出多变的图像设计效果。

7.7 习题

一、填空题

滤镜既可以用于整个图像，也可以用于某一个_____、_____或_____。

二、选择题

1. 选择"滤镜"→"模糊"子菜单下的（　　　）菜单命令，可以产生旋转模糊效果。

    A. 模糊 　　　　B. 高斯模糊 　　　　C. 动感模糊 　　　　D. 径向模糊

2. 在"滤镜"→"杂色"子菜单下的（　　　）命令，可以用来向图像随机地混合杂点，并添加一些细小的颗粒状像素。

    A. 添加杂色 　　B. 中间值 　　　　C. 去斑 　　　　　D. 蒙尘与划痕

3. 选择"滤镜"→"渲染"子菜单下的（　　　）命令，可以设置光源、光色、物体的反射特性等，产生较好的灯光效果。

    A. 光照效果 　　B. 分层云彩 　　　C.3D 变换 　　　　D. 云彩

三、简答题

打开一幅 RGB 图像，试用各种不同的滤镜，体会它们产生的效果。

第8章 数码照片处理

了解数码照片处理的基础知识

掌握数码照片处理的常用技术，能够解决数码照片存在的一般性问题，能够进行简单的数码创作

通过分析案例和实践操作，积累数码照片处理的经验

8.1 数码照片处理的基础知识

近年来随着数码相机的逐渐普及，人们习惯用数码相机来记录生活点滴。在拍摄过程中，经常会遇到许多不可预测的问题，比如天气、设备、地理位置、角度、自身的摄影水平等。由于各种因素的影响，拍出的照片可能会不尽人意，这就需要借助后期处理软件来帮助解决。本章介绍了数码照片处理的基础知识，利用 Photoshop 作为数码照片的后期处理平台，针对照片中常见的问题，进行基本的数码处理。本节重点讲述了数码照片处理的基础知识。

Photoshop 为用户提供了许多处理数码照片的命令和工具，如"图像→调整"命令、"图层→新建调整图层"命令等。这些命令便于用户调整数码照片的色调、影调和光影，还可结合 Photoshop 中其他工具和命令制作特殊的艺术效果，由于本书在前几章中已经对 Photoshop 的工具箱和滤镜做了详细的介绍，因此在本节中仅为大家阐述 Photoshop 中常用的数码照片处理命令。下面对"图像→调整"命令做一详细介绍。

（1）自动调整颜色、色调和对比度。Photoshop 提供自动调整功能来修正图片的颜色、色调和对比度。在"图像"菜单中选择"自动色调"（快捷键 Shift + Ctrl + L）、"自动对比度"（快捷键 Alt + Shift + Ctrl + L）、"自动颜色"（快捷键 Shift + Ctrl + B）命令，不需要作任何选项设置，就可完成对照片的调整。如图 8 – 1 所示。

（2）色阶。判断数码照片是否需要调整，可选择"窗口→直方图"命令，查看照片的色阶分布情况。若直方图呈现中间高而左右低的山形，则表示大部分像素是集中在中间色调位置，因此可以断定该图曝光正常。如果黑场和白场的像素多于中间色调，那么

（a）原因　　　　　　　　　（b）修改后

图 8-1　自动调整图片颜色、色调和对比度的前后对比

表示该照片的明暗对比较大，需要调整。如图 8-2 所示。

（a）曝光过度　　　　（b）曝光正常　　　　（c）曝光不足

图 8-2　曝光与色阶之间的关系

　　对于曝光过度或者曝光不足的照片，可以通过菜单栏"图像→调整→色阶"（快捷键 Ctrl + L）命令，调整图像的阴影、中间调和高光的强度级别，从而校正图像的色调范围和色彩平衡。"色阶"直方图用作调整图像基本色调的直观参考。如图 8-3 所示。

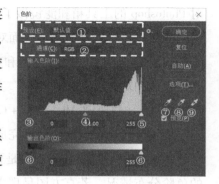

图 8-3　"色阶"直方图

　　①预设：预设下拉菜单内置常规图像校正的一系列调整预设，如果有大量的重复色阶调整时，可以使用色阶的预设功能，对照片进行快速处理；

　　②通道：也可通过选择 RGB（全图）或者红、绿、

蓝三个通道来调整图像的色调，可以细致修改；

③输入色阶 – 阴影：原图像本有的色阶值黑色的部分，色阶值为0；

④输入色阶 – 中间调：原图像本有的色阶值灰色的部分，色阶值为128；

⑤输入色阶 – 高光：原图像本有的色阶值白色的部分，色阶值为255；

⑥输出色阶滑块：输出色阶显示调整后的像素值；

⑦在图像中取样设置黑场：用该取样工具在图片中取样时，会默认此取样点为图片的最暗处，原本比此处更暗的区域都合并为黑色；

⑧在图像中取样设置灰场：用该取样工具在图片中取样时，会默认此取样点为图片的灰色（R = G = B）的地方，用来矫正图片的偏色；

⑨在图像中取样设置白场：用该取样工具在图片中取样时，会默认此取样点为图片的最亮处，原本比此处更亮的区域都合并为白色。

（3）曲线。与"色阶"一样，"曲线"命令也可调整照片的明暗与色调，它兼具色阶、明度和饱和度等多个命令的功能，可以对色调进行精准调整。如图8 – 4所示。

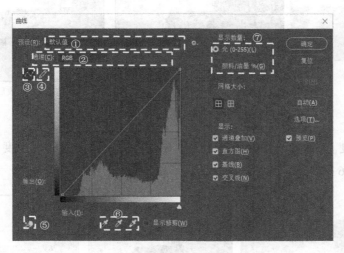

图8 – 4 "曲线"面板

①预设：可以从预设菜单中，选取曲线预设，在预设下拉菜单内置9中预设以及自定预设；

②通道：通道选项与色彩模式有关。一般在曲线调整时常用三种色彩模式，即RGB模式、CMYK模式和Lab模式；

③编辑点修改曲线：鼠标直接点击曲线上的任意一点，添加调整控制点，一共可以添加14个调整点。向上或向下拖动调整点，调整点上下的两个区域将发生明暗的变化，向上拉变亮，向下拉变暗，明暗变化的幅度可以从输入和输出值看到，输入值就是没有

调整前的明暗值，输出值就是调整后的明暗值；

④通过绘制修改曲线：在面板曲线编辑区直接画出一条曲线，图像就会按照所画曲线改变画面不同区域的明暗；

⑤图像调整工具：可以在编辑窗口的图像中点击任何区域，在曲线面板中可以看到该区域的色阶亮度值，上下拉动就可以改变该区域的亮度值，同时影响整个画面；

⑥设置黑、白、灰场：黑、白、灰场吸管调整则是在图像编辑窗口操作；选择黑场吸管工具，在画面中点击深灰色区域，比该点暗的所有区域将变为黑色；选择白场吸管工具，点击画面中偏亮的任何区域，比该点亮的所有区域将变为白色；

⑦曲线显示选项：光为 GRB 模式，颜料/油墨为 RMYK 模式。

（4）亮度与对比度。"图像→调整→亮度/对比度"命令是针对图像的亮度和对比度作简单的调整。通过左右滑动滑块，来增加或降低亮度和对比度。如图 8－5 所示。

（a）原图　　　　　　　（b）修改后

图 8－5　调整"亮度/对比度"的前后对比

（5）曝光度。"图像→调整→曝光度"命令主要调整图像的曝光度、位移及灰度系数值。如图 8－6 所示。

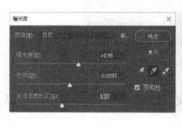  

（a）原图　　　　　　　　　（b）修改后

图 8－6　调整"曝光度"的前后对比

①曝光度：用来调整色调范围的高光；

②位移：用来调节阴影和中间调的明暗；

③灰度系数校正：调整整体照片光影的灰度。

（6）色相/饱和度。"图像→调整→色相/饱和度"命令是针对整个图像或针对红、黄、青、蓝、洋红等色彩做色相、饱和度和明度的调整。如图8-7所示。

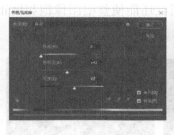

（a）原图　　　　（b）修改后

图8-7　调整"色相/饱和度"的前后对比

①预设：可以从预设菜单中，选取色相/饱和度预设，在预设下拉菜单内置8中预设以及自定预设；

②颜色下拉列表：颜色下拉列表里可以选择"全图～洋红"这七种调节方式，选取全图可以一次调整所有颜色，在下拉列表里选择相应的颜色，可以根据需要更改相对应的色相、饱和度和明度；

③色相：在图像中向左或向右拖动以修改色相；

④饱和度：饱和度调整滑块向左移动，相对应的颜色饱和度降低；向右移动，饱和度增加；

⑤明度：明度调整滑块向左移动，相对应的颜色明度降低，变暗，饱和度会有所增加；同理，向右移动，明度增加，饱和度也会降低；

⑥着色：如果前景色是黑色或白色，则图像会转换成红色色相（0度）。如果前景色不是黑色或白色，则会将图像转换成当前前景色的色相。每个像素的明度值不改变。

（7）自然饱和度。"图像→调整→色相/饱和度"命令中的"饱和度"，可以增加整个画面的"饱和度"，但是如果调节到较高数值时，图像会产生色彩过饱和而引起图像失真。如图8-8所示。

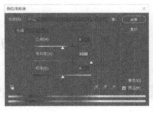

（a）原图　　　　（b）修改后

图8-8　调查"色相/饱和度"的效果（饱和为100%）

而"自然饱和度"就不会出现这种情况，它在调节图像饱和度的时候会保护已经饱和的像素，对已经饱和的像素只做很少、很细微的调整，特别是对皮肤的肤色有很好的保护作用。这样不但能够增加图像某一部分的色彩，而且还能使整幅图像饱和度正常。如图 8 - 9 所示。

（a）原图　　　　　　　　　（b）修改后

图 8 - 9　调整"自然饱和度"的效果（自然饱和度为 100%）

①自然饱和度：将调整应用于不饱和的颜色，并避免在颜色接近完全饱和时损失颜色细节；

②饱和度：将相同的饱和度调整量用于所有的颜色。

（8）色彩平衡。"图像→调整→色彩平衡"命令，可用于校正图像中的颜色缺陷，还可以使用色彩平衡更改复合图像中使用的整体色彩混合来创建生动的效果。如图 8 - 10 所示。

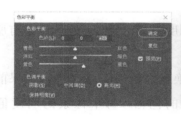  

（a）原图　　　　　　　　　（b）修改后

图 8 - 10　调整"色彩平衡"的效果

①色彩平衡：青色/红色，洋红/绿色，黄色/蓝色，滑块移向要添加到图像的颜色，滑块上方的值显示红色、绿色和蓝色通道的颜色变化。这些值的范围可以是 - 100 到 + 100；

②色调平衡：选择阴影、中间调或高光选择色调平衡选项，选择要编辑的色调范围；

③保持明度：点选保留明度防止图像的明度值随颜色的更改而改变。默认情况下，启用此选项保持图像中的整体色调平衡。

（9）替换颜色。"图像→调整→替换颜色"命令，可以选中图像的特定颜色，然后修改它的色相、饱和度和明度。如图 8 - 11 所示。

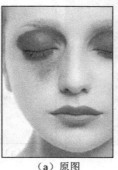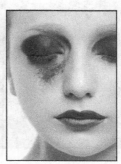

（a）原图   （b）修改后

图 8 - 11　调整 "替换颜色" 的效果

①吸管工具：用吸管工具在图像上单击，可以选中光标下的颜色，用添加到选区工具在图像上单击，可以添加新的颜色，用从取样中减去工具在图像中单击，可以减少颜色；

②颜色容差：用来控制颜色的选择精度，数值越高，选择的颜色范围越广；

③本地化颜色簇：在图像中选择相似且连续的颜色，勾选该项，使选择范围更加精确；

④选区/图像：勾选 "选区"，可以在预览区中显示代表选区范围的蒙版，也就是黑白图像，黑色代表未选择的区域，白色代表选择的区域，灰色则代表了被部分选择的区域；勾选 "图像" 则会显示图像内容，不显示选区；

⑤替换：拖动滑块即可调整所选颜色的色相、饱和度和明度。

（10）可选颜色。"图像→调整→可选颜色" 命令，是选择要修改的颜色（红色、黄色、绿色、青色、蓝色、洋红色、白色、中性色、黑色）中的其中一种色系做颜色调整，然后通过增减青、洋红、黄、黑四色油墨改变选定的颜色，此命令只改变选定的颜色，并不会改变其他未选定的颜色。如图 8 - 12 所示。

①颜色：可调整的主色分为三组，即 RGB 三原色（红色、绿色、蓝色）、CMY 三原色（黄色、青色、洋红）、黑白灰明度（白色、黑色、中性色）；

②调整色：图像中需要增加或减少的颜色，调整色是印刷中使用的四种油墨的颜色（青色、洋红色、黄色、黑色）；

③方法：方法包括相对和绝对两种。"相对" 指的是按照图像原有的色彩含量为基数，增加或减少油墨的百分含量。如果可选色中不含这种颜色，色彩就无法增加或减少。"绝对" 指的是增加或减少调整色的绝对量。无论可选色中有或者没有这种颜色，都可以增加调整色。

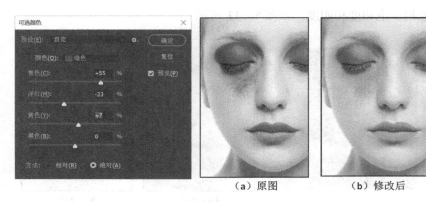

图 8 - 12　调整"可选颜色"的效果

（11）阴影与高光。"图像→调整→阴影/高光"命令是针对图像中的阴影、高光和中间调对比度做细部的调整。如图 8 - 13 所示。

图 8 - 13　调整"调整阴影与高光"的效果

①数量：控制（分别用于图像中的阴影和高光）的校正量；

②色调：控制阴影或高光中色调的修改范围；

③半径：控制每个像素周围的局部相邻像素的大小；

④颜色：调整图像灰度图像的颜色；

⑤中间调：调整中间调中的对比度；

⑥修剪黑色/修剪白色：指定在图像中会将多少阴影/高光剪切到新的极端阴影（色阶为 0）和高光（色阶为 255）颜色。

（12）匹配颜色。"图像→调整→匹配颜色"命令提供将图像中的某种颜色转换成另一张图像中的特定颜色的功能，可以轻松修复一些严重偏色的图，也可以将一张照片的色调转换为另一张照片的色调。如图 8 - 14 所示。

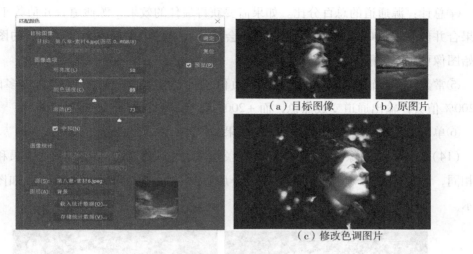

（a）目标图像　　（b）原图片

（c）修改色调图片

图 8－14　调整"匹配颜色"的效果

①明亮度：增加或减小目标图像的亮度，数值为 1～200，默认值是 100；

②颜色强度：调整目标图像的色彩饱和度，数值为 1～200，默认值是 100；

③渐隐：数值为 0～100，数值越大匹配的色调效果越淡；

④中和：使匹配后的色调倾向于两张图像的中间色调；

⑤源：选择可以替换目标图像色调的图片，这个图片也可以是同一图像中的两个图层。

（13）通道混合器。"图像→调整→通道混合器"命令为用户提供了将图像中现有通道与输出通道之间做色彩调整的功能。如图 8－15 所示。

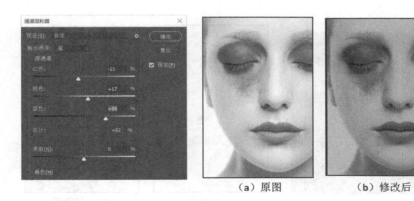

（a）原图　　　　　　（b）修改后

图 8－15　调整"可选颜色"的效果

①预设：预设下拉菜单就可以调出所有的预设，所有的预设都是跟黑白相关；

②输出通道：选择需要调节的通道；

③源通道：将图像转换为灰度图像并对其中的细节和对比度的数量进行控制；

④总计：源通道的总百分比。如果需要获得最佳的效果，源通道合并值等于100%。如果合并值大于100%，则"总计"旁边会显示一个警告图标，表示处理后的图像将比原始图像更亮，可能会删除高光细节；

⑤常数：调整输出通道的灰度值。负值增加更多的黑色，正值增加更多的白色。－200%值会使输出通道变成黑色，而＋200%值会使输出通道变成白色；

⑥单色：勾选单色，图片变成黑白效果。

（14）去色。"图像→调整→去色"命令是用来去除图像的彩度，它的效果和黑白相片相同，该命令没有对话框，使用此命令后直接在图像上生成去色效果。如图8－16所示。

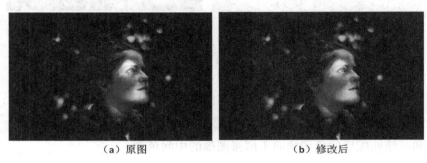

（a）原图　　　　　　　　　　　　（b）修改后

图8－16　"去色"的效果

（15）黑白。"图像→调整→黑白"命令将彩色图像转换为黑白图像，如图8－17所示。

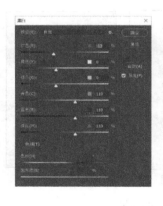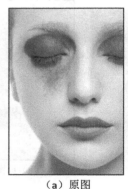

（a）原图　　　　　　（b）修改后

图8－17　"黑白"的效果

①预设：选择预定义的灰度混合或调取以前存储的自定混合；

②自动：根据图像的颜色值设置灰度混合；

③颜色滑块：调整图像中特定颜色的灰色调。向左拖动滑块可以调暗图像原始颜色

对应的灰色调，向右拖动滑块可以调亮图像原始颜色对应的灰色调；

④色调：勾选色调，单击色板以打开"拾色器"，然后选择色调颜色。

（16）照片滤镜。"图像→调整→照片滤镜"命令，可以用来改变和校正色温。如图 8 - 18 所示。

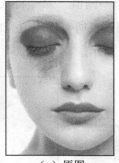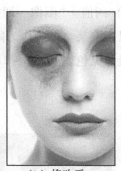

（a）原图　　　　（b）修改后

图 8 - 18　　"照片滤镜"的效果

①滤镜：自带有各种颜色滤镜。分为加温、冷却滤镜等。加温滤镜为暖色调，以橙色为主；冷却滤镜为冷色调，以蓝色为主；

②颜色：自定义滤镜可以选择颜色选项。单击颜色方块，然后使用拾色器为自定颜色滤镜指定颜色；

③浓度：控制需要增加颜色的浓度，数值越大，颜色浓度越强；

④明度：勾选明度以防止图像的明度值随颜色的更改而改变，默认情况下，启用此选项以保持图像中的整体色调平衡。

（17）反向。"图像→调整→反相"命令可将图像做出底片般的反相效果，该命令没有对话框，使用此命令后直接在图像上生成反向效果。如图 8 - 19 所示。

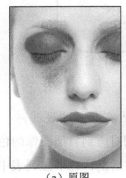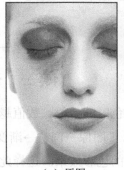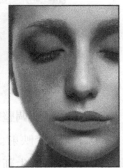

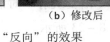

（a）原图　　　　（b）修改后　　　　　　　　（a）原图　　　　（b）修改后

图 8 - 19　　"反向"的效果　　　　　　图 8 - 20　　"色调均化"的效果

（18）色调均化。"图像→调整→色调均化"命令可自动寻找图像中最亮的和最暗的像素值，然后将最亮的像素转换成白色，最暗的像素转换成黑色，同时相应调整其余像素，该命令没有对话框，使用此命令后直接在图像上生成色调均化效果。如图 8 - 20 所示。

（19）阈值。"图像→调整→阈值"命令将灰度或彩色图像转换为高对比度的黑白图像。可以指定某个色阶作为阈值。所有比阈值亮的像素转换为白色，而所有比阈值暗的像素转换为黑色。如图 8 - 21 所示。

 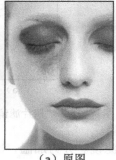 

（a）原图 （b）修改后

图 8 - 21 "阈值"的效果

（20）色调分离。"图像→调整→色调分离"命令是依据用户所设置的色阶值来合并相近的色调，使图像产生特殊的色彩效果。如图 8 - 22 所示。

 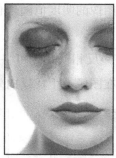 

（a）原图 （b）修改后

图 8 - 22 "色调分离"的效果

色阶：移动调整色阶的数值，数值越大效果越不明显，数值越小效果越明显。

（21）渐变映射。"图像→调整→渐变映射"命令是将渐变色调对应到目前图像的色阶之中，从而产生新的色彩效果。选择此功能弹出"渐变映射"对话框，在下拉列表中选择渐变，就可以马上看到加入渐变的效果。如图 8 - 23 所示。

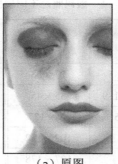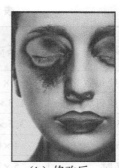

（a）原图　　　　　　（b）修改后

图 8-23　"渐变映射"的效果

①灰度映射所用的渐变：默认情况下，图像的阴影、中间调和高光分别映射到渐变填充的起始（左端）、中点和结束（右端）颜色；

②仿色：勾选仿色，添加随机杂色以平滑渐变效果；

③反向：勾选反向，切换渐变填充的方向，从而反向渐变映射。

8.2　数码照片的常见调整和处理技术

数码照片处理的常用技术主要包括数码照片的基本调整和处理、简单合成与创意以及艺术特效的制作。在本节的学习中，需要综合运用 Photoshop 提供的各类工具对数码照片进行后期处理。

8.2.1　数码照片的基本调整和处理

数码照片的基本调整包括数码照片的裁剪、旋转、变换、色调、影调和光影的调整以及瑕疵处理。

1. 数码照片的尺寸设置

数码照片的尺寸设置包括对照片的大小、像素以及分辨率的设置。数码照片的大小是针对不同规格的相片进行的长度和宽度的设置，单位一般为吋、英寸、毫米、厘米等。要冲印出高质量、大尺寸、高清晰度的照片，分辨率是重中之重。分辨率越高，单位面积的像素密度就越大，照片就越清晰、越细腻；如果照片的像素不够高，冲印出的相片可能模糊不清，色彩也不够鲜明，可能导致照片在一定程度上失真。人眼能分辨出的最大分辨率是 300 dpi，超过这个分辨率，人的眼睛是无法看出差别的。一般情况下，保证数码照片输出的分辨率达到 200 dpi 就可以保证照片的冲印效果。

因此，为了保证冲印的相片清晰，建议按照一定的要求对数码照片的大小和分辨率进行合理设置，表 8-1 为常规情况下不同规格的数码照片的尺寸对照表，供大家参考。

表 8-1　数码照片不同规格的尺寸对照表

规格	英寸	毫米	文件的高、宽（不低于的像素）		
			较好	一般	差
1 吋证件照每版 8 张	≈1×1.5	27×38	300×200		
2 吋证件照每版 4 张	≈1.3×1.9	35×45	400×300		
5 吋	3.5×5	89×127	800×600	640×480	
6 吋	4×6	102×152	1024×768	800×600	640×480
7 吋	5×7	127×178	1280×960	1024×768	800×600
8 吋	6×8	203×152	1536×1024	1280×960	1024×768
10 吋	8×10	203×254	1600×1200	1536×1024	1280×960
12 吋	9×12	254×305	2048×1536	1600×1200	1536×1024
14 吋	10×14	254×351	2400×1800	2048×1536	1600×1200
15 吋	10×15	254×381	2560×1920	2400×1800	2048×1536
16 吋	12×16	305×406	2568×2052	2560×1920	2400×1800
18 吋	13.5×18	342×457	3072×2304	2568×2052	2560×1920
20 吋	15×20	381×508	3200×2400	3072×2304	2568×2052
24 吋	18×24	457×609	3264×2448	3200×2400	3072×2304

2. 数码照片的裁剪

数码照片的裁剪目的是通过去掉某些区域，从而优化原始照片的构图效果。可以使用工具箱中的"裁剪工具" 用来剪裁图像，通常只要在画面上拖动出要保留的区域，再选项栏上点击 按钮，就可以完成裁剪。若要指定裁剪尺寸，请在选项栏上设置好需要的宽度、高度以及分辨率，这样拖动出来的区域就会维持所指定的大小。如图 8-24 所示。

（a）设置裁剪区域尺寸　　　　　　（b）　选择裁剪区域

图 8-24　数码照片裁剪

3. 数码照片的旋转和变换

数码照片进行旋转和变换主要是针对水平和垂直方向倾斜或者透视失真的照片进行

修正，从而在拍摄不足的前提下做些弥补，追求接近真实的画面效果。照片的旋转可采用两种方式进行调整：一种是通过"图像→图像旋转"进行旋转调整，另一种是利用"编辑→自由变换"或"变换"进行调整。

（1）调整倾斜照片。对于倾斜的照片，首先需要借助参考线来调整照片的水平度和垂直度，可选择"视图→标尺"（快捷键 Crtl + R）在"图像编辑窗口"中显示标尺，将鼠标放在左边与上边的标尺区域，按住鼠标左键不放移动鼠标，将参考线拖动到需要的位置。选择菜单栏中的"编辑→自由变换"（快捷键 Ctrl + T），借助参考线对照片的垂直度进行调整，再用裁剪工具进行裁剪，即可完成倾斜照片的调整。如图 8 - 25 所示。

（a）为倾斜照片引入参考线与标尺　　　　　（b）自由变换

（c）裁切图片　　　　　（d）完成修正

图 8 - 25　调整倾斜照片

（2）校正超广角镜头造成的严重畸变。想要完整地拍摄一座高大的建筑物，但是没有办法与之保持足够的距离，因此不可避免地要用到广角镜头，而广角镜头如果从地面上仰拍就会产生严重的透视畸变。在最终的画面上，高楼的纵向线条看起来会是向内倾斜的。

Photoshop 可以矫正超广角镜头造成的严重畸变，首先需要借助参考线来调整照片的水平度和垂直度，可选择"视图→标尺"（快捷键 Ctrl + R）在"图像编辑窗口"中显示标尺，将鼠标放在左边或右边的标尺区域，按住鼠标左键不放移动鼠标，将参考线拖动到需要的位置。选择菜单栏中的"编辑→变换→扭曲"，调整变换。如图 8 - 26 所示。

（a）为照片引入参考线与标尺　　（b）变换→扭曲　　　　（c）完成修正

图 8 - 26　校正超广角镜头造成的严重畸变

4. 数码照片的色彩、色调与影调

色彩、色调与影调是构成摄影作品节奏的重要元素。色彩是摄影作品的本质与属性，色彩的合理配置可以更真实的、更有艺术表现力的再现丰富生活，增加摄影的形式美，渲染气氛，表现意境。

色调是彩色照片的基调，表现为偏向冷色或者偏向暖色的倾向性，摄影作品往往是通过色调表现情绪。

影调是黑白摄影的灵魂，画面中的影像层次、结像虚实的对比以及色彩的明暗关系等构成了数码照片的影调，表现为或高调或低调，黑白大多都是靠明暗对比的影调和质感表现情绪。如图 8 - 27 所示。

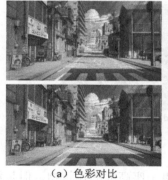  

（a）色彩对比　　　　　　　（b）冷暖对比　　　　　　（c）高调低调对比

图 8 - 27　数码照片的色彩、色调与影调

在数码照片后期处理中，对色彩、色调与影调的调整是必不可少的步骤，以达到校正和美化的目的。在 Photoshop 中，可通过"图像→调整"或"图层→新建调整图层"来校正偏色照片，调整和丰富照片的色彩搭配，将彩色照片调整为黑白照片，为黑白照片上色，制作特殊艺术效果等。

5. 数码照片的光影调整

光线过多或光线不足都会影响数码照片的画面效果，可能会出现曝光不足、曝光过度、形成大片的阴影、局部光斑等情况，我们可以借助 Photoshop 后期处理对这些问题进行调整。

（1）修复曝光过度的照片。曝光过度，指由于光圈开得过大，底片的感光度太高或曝光时间过长所造成的影像失常。在曝光过度的情况下，底片会显得颜色过暗，所冲洗出的照片则会发白。Photoshop 提供的"阴影/高光"和"曝光度"命令可以轻松地解决数码照片中曝光过度的问题。如图 8 - 28 所示。

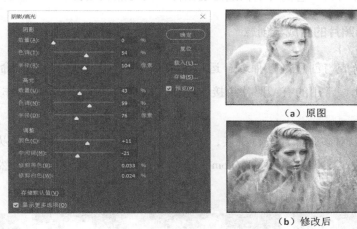

（a）原图

（b）修改后

图 8 - 28　修复曝光过度的照片

（2）修复曝光不足的照片。在拍摄照片时，由于错误的曝光参数，或为了以高光区域为准进行拍摄，就可能导致照片曝光不足的问题，在逆光环境下，这种问题尤为明显。曝光不足的情况下，还容易引发色彩灰暗、画面不够通透等问题。Photoshop 提供的"色阶"与"曲线"命令可以轻松地解决数码照片中曝光过度的问题。如图 8 - 29 所示。

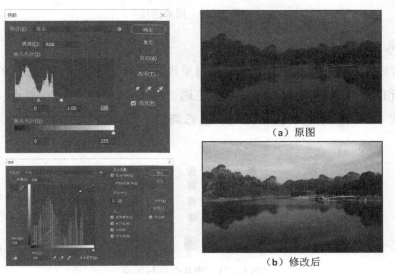

（a）原图

（b）修改后

图 8 - 29　修复曝光不足的照片

6. 数码照片的瑕疵和缺陷修复

由于数码相机、拍摄对象、拍摄技术、拍摄环境的问题，拍出来的照片有瑕疵，比如人像脸部的痘和痘印，按快门时抖动造成的照片模糊，打开闪光灯造成红眼，这些都会直接影响到照片的效果。

Photoshop 提供了大量专业的照片修复工具，包括仿制图章、污点修复画笔、修复画笔、修补和红眼等工具，它们可以快速修复图像中的污点和瑕疵。

8.2.2　数码照片的合成与创意

数码照片的合成与创意是一种综合运用 Photoshop 提供的各种工具，命令等功能进行后期处理的技法，常用的有：照片拼接，创意合成技术以及艺术特效制作。

1. 照片拼接

Photoshop 可以对多张照片进行拼接，可以把多张照片排在一起，也可以让多张图片自然过渡，可通过"文件→自动→Photomerge"，完成照片的自动拼接与自然过渡。如图 8 – 30 所示。

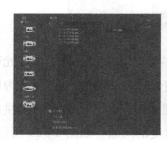

图 8 – 30　照片拼接

2. 合成与创意

图片合成的最终目的是通过不同的素材呈现出一个完整的图像，最终的图像要能表达主旨，所有的素材都服务于需要表达的主题。合成大概分成了五个要点，按照合成的过程如下表示：构图设计、抠图处理、色彩调整、光影融合、细节微调。如图 8 – 31 所示。

图 8 – 31　图片合成与创意

（1）构图设计。图像的合成与创意首先要有一个初步的构图设计，包括在哪些地方安置什么素材，它们之间的位置关系，采用的构图应该是怎么样的。规划出大致的方向，包括要用的素材、它们的风格以及需要包含的内容。

（2）抠图处理。对收集的素材进行提炼，即抠图处理。这一步在 Photoshop 中可以使用魔棒、色彩范围、磁性索套、路径、通道、选择主体等方式提炼素材。

（3）色彩调整。图像的合成与创意之中，颜色占着很重要的一部分，换句话说，在这一步需要使不同素材的色调、饱和度等颜色的属性达到相似的程度，这样在视觉上会觉得，它们处于同一个环境下。这一步在 Photoshop 中可以使用常规的色彩调整，如色相/饱和度/曲线/色彩平衡/调整图层、Camera Raw、颜色替换、通道等方式获得同色调的素材。

（4）光影融合。光影顾名思义就是光和阴影，无论在绘画还是在合成领域都非常的重要，它是影响视觉的一个重要因素。我们要确定高光、阴影都应该在哪些地方，添加上高光与阴影，素材会彻底地融合在一起。

（5）细节微调。这一步为善后处理的工作。因为合成完的图是不具有景深等属性的。我们通过 Photoshop 里的场景模糊来达到这一点。并且在这一步需要让场景内的素材进行更多的交互，确定先后的遮蔽关系等。

3. 数码照片的艺术特效制作

Photoshop 可以提供的滤镜、自定义笔刷、图层样式、通道等功能，可为数码照片制作各种艺术特效。

8.3 案例分析

8.3.1 为偏红色照片校正色彩

本案例通过 Photoshop 中的"图像/调整"命令与"图层混合模式"修正和调整照片的色彩。

（1）打开素材"第八章 – 素材 – 偏色风景"，在菜单栏中执行"图像→调整→色阶"命令，选择红通道，输入色阶调整为（116，0.79，255），如图 8 – 32 所示。

（2）在菜单栏中执行"图像→调整→色阶"命令，选择绿通道，输入色阶调整为（0，1.00，187），如图 8 – 33 所示。

（3）在菜单栏中执行"图像→调整→色阶"命令，选择蓝通道，输入色阶调整为（9，1.00，203），如图 8 – 34 所示。

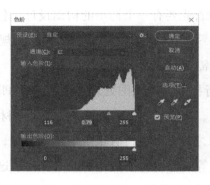

图 8 - 32　色阶 - 红通道更改

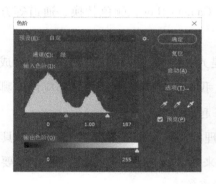

图 8 - 33　色阶 - 绿通道更改

图 8 - 34　色阶 - 蓝通道更改

（4）在图片中偏红的位置进行取色［参考颜色（#d66e71）］，新建图层填充前景色，在菜单栏中执行"图像→调整→反相"命令，图像模式调整为柔光，如图 8 - 35 所示。

（5）盖印图层（快捷键 Ctrl + Shift + Alt + E），选择盖印图层，在菜单栏中执行"图像→调整→曲线"命令，选择红通道、蓝通道，进行色彩曲线调整，完成照片色彩矫正，如图 8 - 36 所示。

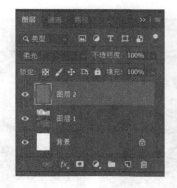

图 8 – 35　新建色调调整图层

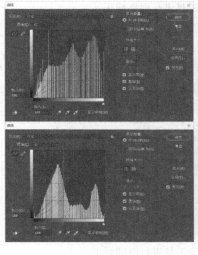

图 8 – 36　红通道、蓝通道曲线调整

8.3.2　修复还原破损褪色老照片

老照片由于保管不善、年代久远等原因导致老照片发黄、破损，可以利用 Photoshop 来进行修复和还原。需要利用修补工具、图章工具、涂抹工具等进行修正。

（1）打开素材"第八章 – 素材 – 老照片"，复制图层（快捷键 Ctrl + J），在菜单栏中执行"图像→调整→去色"命令，使用修补工具对面部进行修正，如图 8 – 37 所示。

（2）使用仿制图章工具对照片面部纹理进行修正，如图 8 – 38 所示。

（3）用钢笔工具对人像进行勾勒，将其转换为选区，在菜单栏中执行"选择→反选"命令（快捷键 Ctrl + Shift + I），用仿制图章工具对照片背景进行修正，如图 8 – 39 所示。

  （a）去色   （b）需要修正的部位   （c）修正后

图 8-37 修补工具进行面部修正

图 8-38 仿制图章工具进行面部修正

  （a）绘制路径   （b）转化为选区   （c）仿制图章修正背景

图 8-39 仿制图章工具进行背景修正

（4）使用修补工具与仿制图章工具对帽子与衣服进行修正，在修正的时候需要注意衣服的纹理，修正的时候需要修正掉衣服上的白点，如图8－40所示。

（a）需要修正的部位　　　　（b）修正后

图8－40　修补工具与仿制图章工具进行服装修正

（5）用多边形套索工具对已经修正过的帽子进行选择，复制图层（快捷键Ctrl＋J），在菜单栏中执行"滤镜→杂色→添加杂色"命令，数量：2，点选单色，完成制作，如图8－41所示。

（a）选择帽子选区　　　（b）添加杂色　　　（c）完成制作

图8－41　修复还原破损褪色的老照片

8.3.3　黑白照片上色

在日常生活中，见的最多的都是彩色照片。但是由于时代的原因，有很多经典的老照片，受限于那个时代的技术，只有黑白照片，Photoshop可以利用色相/饱和度、钢笔工具、套索工具等将黑白的照片变成彩色。

（1）打开素材"第八章－素材－黑白照片"，选择"磁性套索工具"，选择帽子和衣服全部，在选择过程中去掉帽子的五角星、领子上的领章以及徽章，复制图层，将图层命名为"军装"。选择"图层→新建调整图层→色相/饱和度"，勾选"着色"（色相：79，饱和度：+24，明度：-8），如图 8-42 所示。

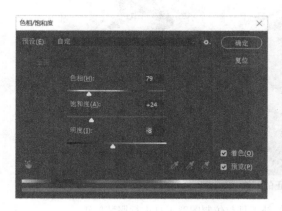

图 8-42　为军装上色

（2）选择"多边形套索工具"，选择帽子上的五角星与领子上的领章，在菜单栏中执行"选择→修改→羽化"命令，羽化半径：1，复制图层，将图层命名为"五角星和领章"，选择"图层→新建调整图层→色相/饱和度"，勾选"着色"（色相：356，饱和度：+77，明度：-31），如图 8-43 所示。

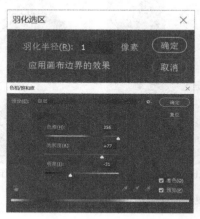

图 8-43　为五角星和领章上色

（3）选择"钢笔工具"将人物的皮肤勾选，在菜单栏中执行"选择→修改→羽化"命令，羽化半径：1，复制图层，将图层命名为"皮肤"，选择"图层→新建调整图层→色相/饱和度"，勾选"着色"（色相：+33，饱和度：+26，明度：+1），如图 8-44所示。

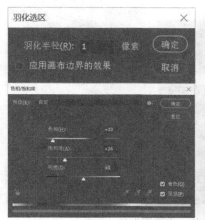

图 8-44　为皮肤上色

（4）选择"多边形套索工具"，选择眼睛、眉毛，在菜单栏中执行"选择→修改→
羽化"命令，羽化半径：2，复制图层，将图层命名为"眉毛和眼睛"，选择"图层→新
建调整图层→色相/饱和度"，勾选"着色"（色相：+0，饱和度：+0，明度：-40），
如图 8-45 所示。

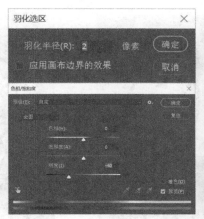

图 8-45　为眼睛与眉毛上色

（5）选择"钢笔工具"，选择人物的嘴唇，在菜单栏中执行"选择→修改→羽化"
命令，羽化半径：1，复制图层，将图层命名为"嘴唇"，选择"图层→新建调整图层→
色相/饱和度"，勾选"着色"（色相：+0，饱和度：+39，明度：-13），如图 8-46
所示。

（6）选择"钢笔工具"，选择徽章，在菜单栏中执行"选择→修改→羽化"命令，
羽化半径：1，复制图层，将图层命名为"徽章"，隐藏所有图层只显示"徽章"图层，

图 8-46　为嘴唇上色

在菜单栏中执行"选择→色彩范围"命令，颜色容差：80，范围：100%，选择黑色部分，选择"图层→新建调整图层→色相/饱和度"，勾选"着色"（色相：+0，饱和度：+74，明度：-11），如图 8-47 所示。

（7）选择"嘴唇"图层，添加蒙版，用黑色画笔将牙齿部位恢复，完成黑白照片上色，完成制作，如图 8-48 所示。

图 8-47　为徽章上色　　　　　　　　　　　　图 8-48　完成制作

8.3.4　人物面部美化

在人像拍摄中，人物的面部的表现对整个照片的效果有着举足轻重的影响，例如拍摄时脸上的局部阴影、面部的雀斑、痘痘、皱纹、眼部的黑眼圈和皱纹以及粗糙的皮肤，都会影响人物容颜。我们可以借助 Photoshop 的"修复画笔工具"和"修补工具"，对人物面部进行美化和修饰。

（1）打开素材"第八章 – 素材 – 瑕疵面部"，选择工具箱中的"修复画笔工具"，按下键盘 Alt 键的同时在人物脸上没有斑点和痘痘并且颜色同脸部皮肤颜色最接近的皮肤处单击，以获得"取样点"，此时指针为带圆圈的十字形，松开键盘 Alt 键，用鼠标在要处理的区域点击，从而获得所采集的图像源点处的图像，将面部的痘痘和斑点去除，如图 8 – 49 所示。

（a）面部瑕疵区域　　　　　　　　（b）修复之后效果

图 8 – 49　修复瑕疵面部区域

（2）选择工具箱中的"修补工具"，修补眼下的细纹，用鼠标框选细纹，往面部高光处拖动，完成眼部细纹的修复，如图 8 – 50 所示。

（a）眼部瑕疵区域　　　　　　　　（b）修复之后效果

图 8 – 50　修复瑕疵眼部细纹区域

（3）对于眼下的黑眼圈，在菜单栏中执行"图层→新建→图层"命令，颜色：灰色，模式：柔光，点选"填充柔光中性色（50%灰）"，选择白色画笔，画笔大小：12，不透明度：2%，在黑眼圈部位进行涂抹，完成人物面部美化，如图 8 – 51 所示。

（a）新建中性灰图层　　　　　　（b）修复之后效果

图 8-51　人物面部美化

8.4　实战案例

8.4.1　精通图像合成：CG 插画

图像合成需要找到合适角度的素材，将处理成统一的光源并且素材之间需要衔接自然，本案例通过在 Photoshop 中设置色阶、色相/饱和度、图层混合模式、滤镜等，将多个素材合成一个完整的图像。

（1）打开素材"第八章 - 素材 - CG - A"，在菜单栏中执行"图像→调整→色阶"命令，输入色阶调整为（0，1.00，157），如图 8-52 所示。

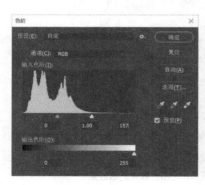 

图 8-52　调整色阶

（2）打开素材"第八章 - 素材 - CG - C"，粘贴入素材 A，将图层命名为"树皮"，将"树皮"图层放入前胸位置，设置图层混合模式为"浅色"。将"树皮"图层对"人物"图层添加剪切蒙版，再为"树皮"图层添加蒙版，画笔大小：52，不透明度：27%，在蒙版上绘制，做出渐隐效果，如图 8-53 所示。

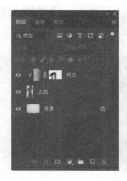

图 8-53　添加"树皮"图层

（3）打开素材"第八章-素材-CG-B"，粘贴入素材 A，将图层命名为"风景画"，在菜单栏中执行"编辑→变换→90°顺时针"命令，对"人物"图层做剪切蒙版，设置混合模式"强光"，再为"风景画"图层添加蒙版，画笔大小：52，不透明度：27%，在蒙版上绘制，将头与手臂部位恢复，如图 8-54 所示。

图 8-54　添加"风景画"图层

（4）打开素材"第八章-素材-CG-D"，在菜单栏中执行"图像→调整→去色"命令（快捷键 Shift + Ctrl + U），在菜单栏中执行"图像→调整→色阶"命令，选择"在图像中取样设置黑场"，用吸管在灰色区域单击，设置黑场，如图 8-55 所示。

图 8-55　设置黑场

（5）将修改过的素材 D 拖入素材 A，图层命名为"云彩"，设置图层混合模式"滤色"，将云彩调整到合适位置，用橡皮擦工具擦除边缘，如图 8–56 所示。

图 8–56　添加"云彩"图层

（6）打开素材"第八章–素材–CG–E"，将"枝叶"图层拖入人物手臂位置，在"枝叶"图层下方新建图层，载入枝叶选区，填充黑色，将图层命名为"阴影"，在菜单栏中执行"编辑→自由变换"命令（快捷键 Ctrl + T），进行旋转，如图 8–57 所示。

图 8–57　添加"枝叶"与"阴影"图层

（7）选择"阴影"图层，进行高斯模糊，半径：2，调整不透明度：30%，使用橡皮擦工具擦除投影到背景的阴影，如图 8–58 所示。

图 8–58　设置"阴影"图层

（8）打开素材"第八章－素材－CG－F"，在菜单栏中执行"图像→调整→色相/饱和度"命令，色阶：4，饱和度：40，在菜单栏中执行"图像→调整→色阶"命令，输入色阶（35，1.22，245），如图8－59所示。

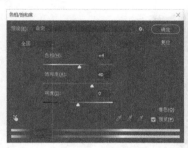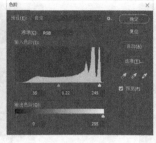

图8－59 设置"色相/饱和度"与"色阶"

（9）在菜单栏中执行"选择→色彩范围"命令，颜色容差：75，选择背景，如图8－60所示。

图8－60 用色彩范围选择选区

（10）在菜单栏中执行"选择→反选"命令，拖入素材A，将图层命名为"花环"，放置到合适位置，添加蒙版，将不需要的部分擦除掉；再次复制"花环"，调整大小形成叠加效果，如图8－61所示。

图8－61 设置"花环"图层

（11）在"花环"下部添加图层，将图层命名为"花环阴影"，选择黑色画笔，画笔硬度：0，不透明度：30%，绘制出阴影效果，打开素材"第八章 – 素材 – CG – G"，拖入人物素材，放置到合适位置，完成制作，如图 8 – 62 所示。

图 8 – 62　CG 插画完成效果

8.4.2　精通图像艺术特效：　照片转换为油画

本案例利用 Photoshop 的滤镜与画笔将照片转化为油画。

（1）打开素材"第八章 – 素材 – 人像"，复制图层，命名为"清晰"，在菜单栏中执行"滤镜→其他→高反差保留"命令，半径：2.5 像素，选择图像模式"柔光"，再复制一次，如图 8 – 63 所示。

图 8 – 63　用高反差保留清晰图片

（2）盖印图层（快捷键 Ctrl + Shift + Alt + E），将图层命名为"油画"，在菜单栏中执行"滤镜→风格化→油画"命令，描边样式：0.9，描边清洁度：10.0，缩放：0.8，毛刷细节：4.3，光照：– 60 度，闪亮：1.3，如图 8 – 64 所示。

（3）打开通道，按住 Crtl 键点击 RGB 缩略图，载入图片的高光区域，新建图层，

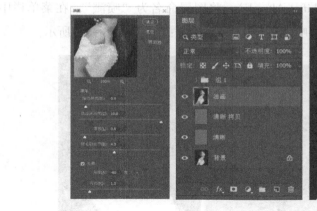

图 8 – 64　"油画"滤镜

命名为"提亮肤色"，填充白色（#ffffff），选择图像模式"柔光"，如图 8 – 65 所示。

图 8 – 65　提亮肤色

（4）盖印图层（快捷键 Ctrl + Shift + Alt + E），将图层命名为"照亮边缘"，在菜单栏中执行"滤镜→风格化→照亮边缘"命令，边缘宽度：1，边缘亮度：7，平滑度：5，选择图像模式"柔光"，添加蒙版，将皮肤部位恢复，如图 8 – 66 所示。

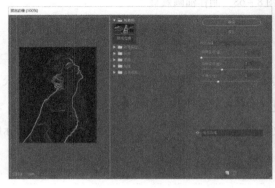

图 8 – 66　照亮边缘效果

（5）盖印图层（快捷键 Ctrl + Shift + Alt + E），将图层命名为"喷溅"，在菜单栏中执行"滤镜→风格化→喷溅"命令，喷溅半径：2，平滑度：7，如图 8 - 67 所示。

图 8 - 67　喷溅效果

（6）盖印图层（快捷键 Ctrl + Shift + Alt + E），将图层命名为"添加杂色"，在菜单栏中执行"滤镜→杂色→添加杂色"命令，数量：2.5%，分布：高斯分布，勾选"单色"，完成制作，如图 8 - 68 所示。

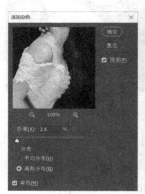

图 8 - 68　制作油画效果

8.5　小结

本章介绍了数码照片处理的基础知识以及常见的数码照片调整和处理技术，通过六个案例分析的具体操作实践，强化了 Photoshop 中数码照片处理的各种技术，希望大家通过各种操作练习，掌握基本的数码照片后期处理技术，并能灵活应用于实际的工作和生活中。

8.6 习题

一、填空题

1. 数码照片的基本调整技术有：_____。
2. 一般情况下，数码照片的打印分辨率应不低于_____ dpi。

二、简答题

1. 请结合自己的认识谈谈数码照片的合成与创意。
2. 请列举几种你熟悉的数码照片抠图的方法。

第 9 章　图像制作综合技法

9.1　图像制作综合技法简介

Photoshop 的学习是从熟悉软件、模仿到自我创意的过程。模仿是指参照别人的作品步骤进行模仿学习，不仅是学习软件相关的基本知识、技能，更重要的是体会别人创作的思路从而启发自己的创作思维。可以以模仿作为起点，通过学习与借鉴别人的方法与思路，最终将自己的创作思路融入其中。

通过本章所提供的案例，可以对所学过的各种技巧有更深刻、更准确的认识，同时也能为以后工作实践提供参考借鉴。

9.1.1　图像制作的设计流程

图像的综合制作包括调查、创意、取材、制作和评价五大步骤，它们相互促进，循环进行，最终达到令人满意的图像制作效果。具体过程如图 9-1 所示。

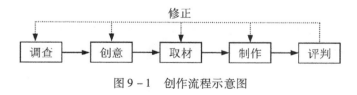

图 9-1　创作流程示意图

1. 调查

调查指的是设计之前需要了解相关的行业要求与行业规范、消费受众、传播媒介和需要传达的设计信息。同时要了解竞品、品牌过往形象等相关的信息。

2. 创意

创意指的是设计作品在能够正确地传递设计信息给目标消费受众的前提下，还可以在设计中引人注目，给人留下深刻印象，快速引起消费者的共鸣。

3. 取材

获取与设计要求相关的图片素材，通常可以通过以下几种途经得到图片素材：

（1）利用扫描仪对纸质图像（如相片、画报、书籍、招贴广告等）或实物表面扫描输入计算机。

（2）用数码相机拍摄后输入计算机保存为图像格式文件。

（3）从购买的图形图像素材库中选择。

（4）通过网上下载，常用的网上图库和图片搜索引擎有：https：//wallhaven. cc（WallHaven）；https：//www. vcg. com（视觉中国创意图片）；https：//www. yestone. com（Yestone）；https：//cn. bing. com/images/trending（微软 Bing 图库）等。

（5）用屏幕抓图工具软件抓取电脑屏幕上的静止画面。

4. 制作

制作指的是是利用 Photoshop 软件对素材进行加工处理，如果在制作过程中发现问题，可以重新返回到创意或者取素材过程，重新进行修正策划及素材选取。

5. 评判

评判指的是设计成品需要进行预先评判，评判方面包括：创作的主标题是否引人注意，创作的主要信息是否引人入胜，设计是否突出产品或企业特色，设计与主题的关联性，设计是否有视觉冲击力，设计是否拥有独特的风格和品味，视觉冲击力以及图形的原创性。如果在评价过程中发现问题，可以重新返回到创意或者取素材过程，重新进行修正策划及素材选取。

9.1.2 同一效果的多种处理思路剖析

1. 人物抠图的多种方法

抠图指的是将一种图形素材从图像元素中抠取出来，以便抠出的图与其他素材更方便地组合，本小节就以人物抠图为例进行同一效果的多种处理思路剖析。

（1）使用"选择并遮住"进行抠图。

①打开素材"第九章 - 素材 1"，在菜单栏中执行"选择→主体"命令，将图片中的人物选中，如图 9 - 2 所示；

(a) 原图　　　　　　　　　　　　(b) 选取人像

图 9-2　选择主体

②在菜单栏中执行"选择→选择并遮住"命令，利用"调整边缘画笔工具"在发丝部分进行涂抹，如图 9-3 所示；

图 9-3　"选择并遮住"效果

③输出"带有新建蒙版的图层"，完成人物抠取，如图 9-4 所示。

图 9-4　"选择并遮住"抠图效果

（2）使用"色彩范围"进行抠图。

对于单色背景并且背景与人物色差较大的，可以用"色彩范围"进行快速的人物选取。

①打开素材"第九章-素材 2"，在菜单栏中执行"选择→色彩范围"命令，选择色彩容差：75，范围：100%，如图 9-5 所示；

(a) 原图　　　　　　　　　(b) 色彩范围

图 9-5　"色彩范围"命令

②在菜单栏中执行"选择→反选"命令（快捷键 Ctrl + Shift + I），为图层添加蒙版，如图 9-6 所示；

(a) 反向　　　　　　　　　(b) 添加蒙版

图 9-6　为图层添加蒙版

③利用画笔工具，画笔大小：40，硬度：20%，不透明度：60%，前景色：白色（#ffffff），在蒙版上涂抹面部，完成人物抠取，如图 9-7 所示。

图 9-7　使用"色彩范围"进行抠图

（3）使用"通道"进行抠图。通道抠图属于颜色抠图方法，利用了对象的颜色在红、黄、蓝三通道中对比度相同的特点，从而在对比度大的通道中对对象进行处理，适用于色差不大，而外形又很复杂的图像的抠图。

①打开素材"第九章－素材3"，点击"通道"面板，复制一层明暗对比强烈的通道，本例选择蓝色通道，复制蓝色通道，如图9－8所示；

图9－8　拷贝蓝色通道

②在菜单栏中执行"图像→调整→反向"命令，进而执行"图像→调整→曲线"，如图9－9所示；

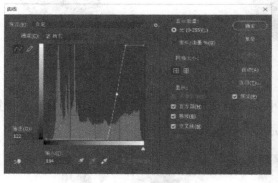

图9－9　调整曲线

③用白色画笔将人物部分用画笔工具涂抹成纯白色，点击右下角的"将通道作为选区载入"，如图9－10所示；

④回到图层，点击底部的"添加蒙版"选项，完成人物抠取，如图9－11所示。

（4）使用"路径"进行抠图。路径由"钢笔工具"创建，由一系列锚点、直线和曲线组成。钢笔是最为精准的抠图工具，它具有很好的可控制性。它可以反复地、自由地对路径形状进行精细调整，直至自己满意为止，最后再将路径转为选区进行抠图等后续操作。路径抠图适用于人像边界清晰光滑但是与背景对比不明显的图像素材。

图9-10　将"通道"作为选区载入　　　　　图9-11　使用"通道"进行抠图

①打开素材"第九章-素材4"，利用弯度钢笔工具对于人像进行勾选，如图9-12所示；

（a）原图　　　　　　　　　　　　（b）钢笔勾边

图9-12　使用钢笔工具绘制人像边缘

②将钢笔勾边转化为选区，复制背景图层，点击底部的"添加蒙版"选项，完成人物抠取，如图9-13所示。

（a）转化为选区　　　　　　　　　　（b）添加蒙版

图9-13　使用"路径"进行抠图

2. 图像调整与图像调整图层

在 Photoshop 中，可以通过不同的方法，达到同一个设计效果。例如说"图像"菜单中的"调整"命令可以用来对图片的色彩、明暗关系、饱和度进行调整。而我们对于同样的效果，也可以通过新建图像调整图层来完成，如图 9－14 所示。

（a）"图像"中的"调整"命令　　　　　（b）填充或调整图层

图 9－14　图像调整与图像调整图层菜单栏对比

"图像"菜单中的"调整"命令与图像调整图层之中的大部分的命令及功能相同。一次对于同一个图层的修改，可以达到同样的效果，如图 9－15 所示。

（a）"图像→调整→色阶"命令　　　　　（b）色阶调整图层

图 9－15　图像调整与图像调整图层效果对比

但是我们同样要注意二者之间的区别，"图像"菜单中的"调整"命令是可针对单一图层的修改，不影响相邻图层。但是原图层被修改后不可逆。而调整图层是以一个附加效果图层的形式出现的，是一个自带蒙版的独立图层，可以随时修改且不破坏原有图层。但是调整图层会对该图层下的所有图层进行整体变化。

9.1.3　Photoshop 最常用快捷功能简介

在实际的图像综合处理制作中，为了提高效率，往往大量使用快捷键。这里简单列出了最常用快捷键的功能，如表9－1所列。

表9－1　Photoshop 常用快捷键功能表

快捷键	功能说明	快捷键	功能说明
ESC	取消当前命令	Shift + 方向键	图层/选区以10个像素移动
Shift + Tab	显示或关闭面板	方向键	移动图层/选区
Ctrl + O	打开文件	Ctrl + " + "	放大视窗
Ctrl + W	关闭文件	Ctrl + " – "	缩小视窗
Ctrl + S	文件存盘	Ctrl + 0（数字零）	适合屏幕
Ctrl + Q	退出系统	Ctrl + Alt + 0（数字零）	实际像素显示
Ctrl + D	取消选区	Ctrl + Delete	填充为背景色
Ctrl + A	全选	Alt + Delete	填充为前景色
Shift + Ctrl + I	区域反选	Ctrl + Alt + Shift + E	盖印可见图层
Ctrl + T	自由变形	F2	剪切选区
Ctrl + Z	恢复到上一步	F3	复制选区
Ctrl + J	复制当前图层	F4	粘贴选区
Ctrl + C	复制选区	F5	显示或关闭"画笔"面板
Ctrl + V	粘贴选区	F6	显示或关闭"颜色"面板
Ctrl + X	剪贴选区	F7	显示或关闭"图层"面板
Ctrl + Enter	将路径作为选区载入	F8	显示或关闭"信息"面板
Alt + 方向键	移动复制图层	F9	显示或关闭"动作"面板

9.2　综合案例制作

9.2.1　Hope Poster 海报设计

美国总统奥巴马在 2008 年竞选时，由艺术家 Shepard Fairey 设计了一款主题为 HOPE 的海报，这张海报其后就成为了奥巴马的标志，本案例用 Photoshop 中的图像调整图层来进行 Hope Poster 海报的设计制作。

（1）新建图像文件，尺寸为 A4 大小（210 mm×297 mm），分辨率为300，用矩形工具进行绘制边框，填充颜色为无色，边框颜色：黄色（# f9e2a5），描边：30 点，将该图层重新命名为"边框"，如图9－16所示。

（2）在背景图层之上新建图层，重命名为"底部矩形"，在图层底部用矩形选框工具绘制矩形，羽化：0，颜色：蓝色（# 17354d），如图9－17所示。

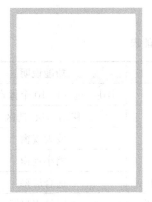
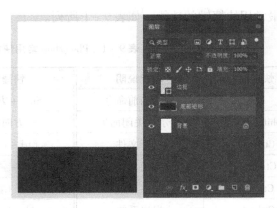

图9-16　绘制边框　　　　　　　　图9-17　绘制底部矩形

（3）在背景图层之上新建图层，重命名为"灰度背景"，将参考线放置于图层中点，一半填充为50%灰度（#808080），一半填充为25%灰度（#404040），如图9-18所示。

（4）打开素材"第九章－素材－猫王"，在菜单栏中执行"选择→主体"命令，选择素材中的猫王人像，将其拷贝入文件，将图层命名为"猫王"，将其放置到合适的位置，如图9-19所示。

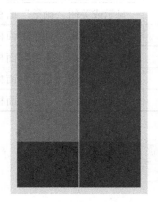

图9-18　绘制灰度背景　　　　　　图9-19　将猫王粘贴入图层

（5）选择"猫王"图层，在菜单栏中执行"滤镜→模糊→表面模糊"命令，半径：10像素，阈值：10色阶，如图9-20所示。

（6）选择"猫王"图层，在菜单栏中执行"滤镜→滤镜库→木刻"命令，色阶：5，边缘简化度：5，边缘逼真度：1，如图9-21所示。

（7）在"猫王"图层之上新建图像调整图层"通道混合器"，点选"单色"，如图9-22所示。

（8）在"通道混合器"图层之上新建图像调整图层"色调分离"，色阶：5，如图9-23所示。

图 9 – 20　表面模糊

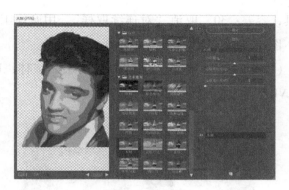

图 9 – 21　木刻

图 9 – 22　通道混合器

图 9 – 23　色调分离

（9）在"色调分离"图层上新建图像调整图层"渐变映射"（位置：0，颜色：#00324d，位置：25，颜色：# e01825，位置：50，颜色：# 7498a4，位置：75，颜色：# fde5a7，位置：100，颜色：# fde5a7），如图 9 – 24 所示。

（10）在"猫王"图层之上新建图层，重命名为"纹路"，前景色：灰色（#808080）（50%灰度），并为图层填充前景色，背景色：白色（#ffffff），在菜单栏中执行"滤镜→滤镜库→半调图案"命令，大小：2，对比度：50，图案类型：直线，如图 9 – 25 所示。

图 9 – 24　渐变混合器

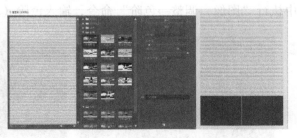

图 9 – 25　半调图案

（11）隐藏渐变映射调整图层，隐藏"纹路"图层，选择"猫王"图层，选择魔棒工具，容差：30，取消"对连续取样"，用魔棒工具选择 75% 的灰度部分，选择"纹路"图层，为其添加蒙版，如图 9 – 26 所示。

（12）在图层顶部，新建文字图层，字体：Lucida Sans，大小：170，输入文字"ELVIS"，完成制作，如图 9 – 27 所示。

图 9 – 26　添加蒙版　　　　　　　　　　图 9 – 27　完成海报制作

9.2.2　合成器波风格复古人物海报

合成器波（Synthwave）是受 20 世纪 80 年代的电影原声带、游戏与电子音乐的影响而形成的新浪潮艺术元素，具有复古未来主义的独特风格。以品红、蓝、紫组合的高对比度色彩为设计色彩，以激光网格、霓虹落日以及改装车为典型元素。本案例用 Photoshop 中的滤镜、图层样式、画笔来完成设计。

（1）新建图像文件，尺寸为 A4 大小（210 mm × 297 mm），分辨率为 300，背景色：蓝色（# 181033）。

（2）新建图层，填充黑色（# 000000），将图层命名为"星星"，在菜单栏中执行"滤镜→杂色→添加杂色"命令，数量：100%，分布：高斯分布，勾选"单色"。

（3）在菜单栏中执行"滤镜→模糊→高斯模糊"命令，半径：0.3 像素，在菜单栏中执行"图像→调整→色阶"命令，输入色阶（210，1，230），如图 9 – 28 所示。

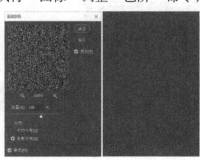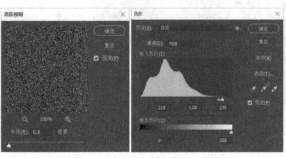

图 9 – 28　执行添加杂色、高斯模糊与色阶

（4）将"星星"图层的混合模式改成"滤色"。

（5）新建一个图层，命名为"纹路"，选择渐变工具，选择"线性渐变"，做一个黑白渐变，前景色为黑色，背景色为白色，如图9-29所示。

（6）在菜单栏中执行"滤镜→滤镜库→半调图案"命令，大小：12，对比度：50，图案类型：直线，如图9-30所示。

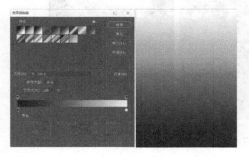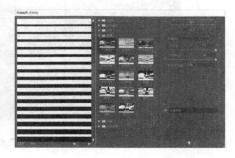

图9-29　线性渐变　　　　　　　　　　　图9-30　半调图案

（7）隐藏"纹路"图层，新建图层命名为"太阳"，选中"椭圆选框工具"，按住Alt + Shift，在画布中拉出一个正圆形，选择"渐变工具"，前景色：品红色（#ff2079），背景色：橙黄色（#fde24e），做线性渐变，将其调整到合适位置，如图9-31所示。

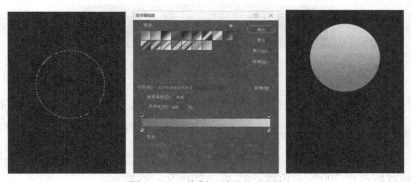

图9-31　绘制"太阳"图层

（8）隐藏"太阳"图层，显现"纹路"图层，点击"通道"，然后 Ctrl + 点击"RGB 图层"；隐藏"纹路"图层，显示"太阳"图层，在菜单栏中执行"选择→反选"命令（快捷键 Ctrl + Shift + I），点击"删除"（Delete），如图9-32所示。

（9）为"太阳"图层添加图层样式"外发光"，混合模式：正常，不透明度：

图9-32　为"太阳"图层添加纹路

100%，杂色：0，颜色：品红色（#ff0072），方法：柔和，扩展：0，大小：188 像素，范围：70%，抖动：0，复制"太阳"图层，增加外发光效果，如图 9－33 所示。

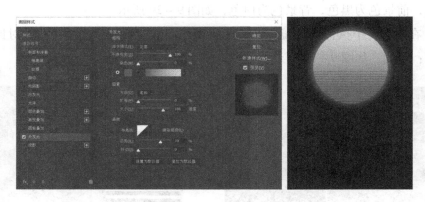

图 9－33　为"太阳"图层添加图层样式

（10）使用矩形工具制作出一个长和宽均为 100 像素的正方形，填充黑色（#000000），描边 1 像素，白色（#ffffff）描边，选择矩形图层，在菜单栏中执行"编辑→定义图案"命令，命名为"网格"，如图 9－34 所示。

图 9－34　定义图案

（11）删除"矩形"图层，添加填充调整图层，选择"调整图层→图案"，缩放：200%，单击鼠标右键，栅格化图层，将图层重命名为"网格"，如图 9－35 所示。

（12）选择"网格"图层，在菜单栏中执行"编辑→自由变换"命令（快捷键 Ctrl+T），长和宽均改成 200%，角度：45 度，如图 9－36 所示。

图 9－35　图案填充

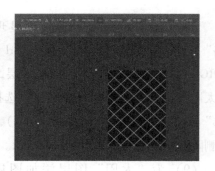

图 9－36　自由变换

（13）选择"网格"图层，在菜单栏中执行"图像→裁切"命令，点击"确定"，在菜单栏中执行"编辑→自由变换"命令（快捷键 Ctrl + T），把形状拉到三分之一的位置，接着同时按住 Ctrl + Shift + Alt 键，拖住左下或右下的点，把它们向外拉伸，如图 9 – 37 所示。

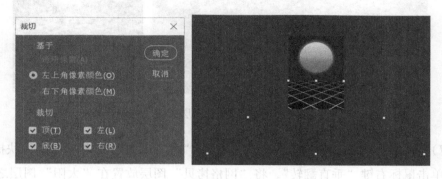

图 9 – 37　裁切图层并自由变换

（14）选择"网格"图层，在菜单栏中执行"图像→裁切"命令，点击"确定"，隐藏其他图层只留"网格"图层，点击"通道"，然后 Ctrl + 点击"RGB 图层"，在菜单栏中执行"选择→反选"命令（快捷键 Ctrl + Shift + I），进入"网格"图层，点击"删除"（Delete），如图 9 – 38 所示。

（15）为"网格"图层添加图层样式"颜色叠加"，混合模式：正常，颜色：品红色（# ff5ed7），如图 9 – 39 所示。

图 9 – 38　删除黑色的区块

图 9 – 39　添加颜色叠加

（16）为"网格"图层添加图层样式"外发光"，混合模式：正常，不透明度：100%，杂色：0，颜色：品红色（#ff0072），方法：柔和，扩展：6，大小：45 像素，范围：70%，抖动：0，如图 9 – 40 所示。

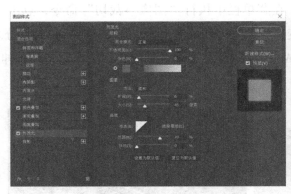

图 9 - 40   添加图层样式

（17）复制"网格"图层，在菜单栏中执行"编辑→自由变换"命令（快捷键 Ctrl +T），单击鼠标右键"垂直翻转"，将"网格拷贝"图层放置在"太阳"图层之下，如图 9 - 41 所示。

（18）在下方的网格线边缘，用矩形工具创建长方形，复制"网格"的图层样式，按住 Alt 键拖动图层样式，如图 9 - 42 所示。

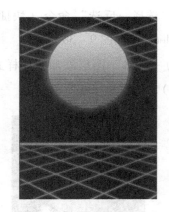

图 9 - 41   垂直翻转的效果   图 9 - 42   绘制矩形并增加图层的效果

（19）打开素材"第九章 - 素材 - 人像"，拷贝入文件，将图层命名为"人像"，如图 9 - 43 所示。

（20）新建图像调整图层，选择"曲线"，选择蓝色通道，进行调整，对人像做剪切蒙版，如图 9 - 44 所示。

（21）新建一个图层，将图层命名为"蓝色"，使用"画笔工具"，画笔大小：1000 像素，不透明度：60%，画笔颜色：蓝色（#1700f6），在人物的左半边用笔的边缘涂抹，在"蓝色"图层对"人像"图层做剪切蒙版，设置图层样式"叠加"，如图 9 - 45 所示。

图9-43　载入人像　　　　　　　　　　图9-44　调整蓝色通道

（22）新建一个图层，将图层命名为"粉色"，使用"画笔工具"，画笔大小：1000像素，不透明度：60%，画笔颜色：深品红（# ff1987），在人物的右半边用笔的边缘涂抹，在"粉色"图层对"人像"图层做剪切蒙版，设置图层样式"颜色"，如图9-46所示。

图9-45　人像左侧增添蓝色　　　　　　图9-46　人像右侧增添品红色

（23）用快速选择工具选择人物的镜框，在菜单栏中执行"编辑→修改→平滑"命令，取样半径：1像素，如图9-47所示。

（24）新建图层，重命名为"眼镜"，选择"渐变工具"，前景色：品红色（# ff1987），背景色：蓝色（#1700f6），做线性渐变，将其调整到合适的位置，如图9-48所示。

（25）新建图层，重命名为"眼镜瀑布"，选择"矩形选框工具"，沿着眼镜直径，绘制矩形，填充蓝色（#1700f6），在菜单栏中执行"滤镜→风格化→风"命令，方法：风，方向：从右，重复多次，达到合适的效果，在菜单栏中执行"编辑→自由变换"命令（快捷键Ctrl + T），单击鼠标右键，选择"顺时针旋转90°"，如图9-49所示。

ADOBE PHOTOSHOP
CC 2019 平面设计与制作案例技能教程

（26）为"眼镜瀑布"添加蒙版，将边缘柔化，如图9-50所示。

图9-47　选择镜框　　　　　　　　图9-48　镜框添加渐变

图9-49　滤镜→风格化→风　　　　图9-50　为"眼镜瀑布"添加蒙版

（27）复制"眼镜瀑布"图层（快捷键Ctrl＋J）三次向下移动，选择"眼镜瀑布拷贝"图层，按住Ctrl键，选择"眼镜瀑布拷贝"图层选区，为其填充品红色（#ff1987），如图9-51所示。

图9-51　制作"眼镜瀑布"　　　　　图9-52　输入文字

（28）新建文字图层，字体：Copperplate Gothic，大小：125，输入文字"RETRO"，颜色：品红色（#fc56cd），如图 9 – 52 所示。

（29）复制"RETRO"图层，调整颜色为蓝色（#1700f6），在键盘上按"↑"键两次，再复制一次图层，按"↑"键两次，重复四次，如图 9 – 53 所示。

（30）盖印图层（快捷键 Ctrl + Shift + Alt + E），在菜单栏中执行"滤镜→杂色→添加杂色"命令，数量：5，分布：平均分布，点选"单色"，如图 9 – 54 所示。

图 9 – 53   制作字体的效果　　　　　　　图 9 – 54   添加单色杂色

（31）在菜单栏中执行"滤镜→模糊→高斯模糊"命令，半径：0.5 像素，如图 9 – 55 所示。

（32）在菜单栏中执行"滤镜→杂色→添加杂色"命令，数量：12，分布：平均分布，完成制作，如图 9 – 56 所示。

图 9 – 55   高斯模糊　　　　　　　　　　图 9 – 56   添加杂色

9.2.3　切割风格蒸汽波风格海报设计

蒸汽波风格的最大特征是混合了 20 世纪八九十年代的标签和元素，蒸汽波画面元素有粗糙动画、重绘 LOGO、故障屏幕（老电视的雪花屏、被磁化的重影屏），以及各式各样的东方文字记号。图像元素有古典雕塑、人物风景、20世纪八九十年代的动画形象、马赛克和老旧电子产品等。本案例用 Photoshop 中的调整图层、滤镜、路径工具来完成设计。

（1）新建图像文件，尺寸为 A4 大小（210 mm×297 mm），分辨率为300。

（2）新建"渐变"调整图层，渐变颜色（颜色：# eb12d9，位置：0，颜色：# f8c6a7，位置：50，颜色：# 2f0cc3，位置：100），样式：线性，角度：−45 度，缩放：150%，勾选"反向"，如图9-57 所示。

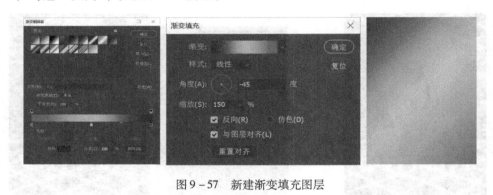

图9-57 新建渐变填充图层

（3）为渐变填充图层转化为智能对象，在菜单栏中执行"滤镜→杂色→添加杂色"命令，数量：11，分布：高斯分布，勾选"单色"，如图9-58 所示。

（4）使用"矩形工具"新建矩形，填充颜色：紫色（# ab00c5），宽度：1200 像素，高度：2900 像素，将矩形放置在画布中心，如图9-59 所示。

图9-58 为填充图层添加杂色　　　　　图9-59 绘制矩形

（5）使用"椭圆工具"新建圆形，将图层命名为"椭圆"，填充颜色：紫色（# ab00c5），直径：2700 像素，为圆形图层添加图层样式"渐变叠加"，混合模式：正常，不透明度：100%，颜色［紫色（# ab00c5），蓝色（# 00fffc）］，样式：线性，角度：−43 度，缩放：142%，勾选"反向"，将图层放置到画布右侧，如图9-60 所示。

（6）复制"椭圆"图层，将其放置到画布左上角，如图9-61所示。

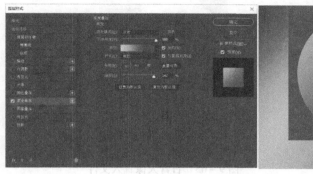

图9-60 为"椭圆"增加图层样式   图9-61 复制"椭圆"图层

（7）打开素材"第九章-素材-树叶""第九章-素材-树叶2"，拷贝入文件，将其调整到合适的位置，选择"树叶""树叶2"图层，将其组合成组（快捷键Ctrl+G），将组重命名为"树叶"，如图9-62所示。

（8）新建"渐变映射"调整图层，颜色调整为［蓝色（#2f0cc3），品红（#eb12d9）］，勾选"反向"，做"树叶"组的剪切蒙版，如图9-63所示。

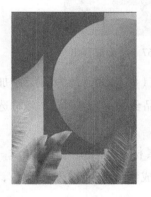

图9-62 置入树叶素材   图9-63 为"树叶"组添加渐变映射

（9）使用"矩形工具"新建矩形，填充颜色：紫色（#ab00c5），宽度：3100像素，高度：70像素，复制四次，将其放置入背景，如图9-64所示。

（10）打开素材"第九章-素材-欧洲雕塑"，在菜单栏中执行"选择→主体"命令，复制图层，将拷贝图层置入文件，将图层命名为"雕像"，如图9-65所示。

（11）选择"弯度钢笔工具"勾选石膏人像面部，路径命名为"面部填充"，将路径转化为选区，如图9-66所示。

（12）选择"雕像"图层，剪切选区（快捷键Ctrl+X），将选区粘贴至新图层（快捷键Ctrl+V），重命名为"面部"，将"面部"图层稍微移出一些，如图9-67所示。

图 9 – 64   绘制矩形组   图 9 – 65   石膏人像置入文件

图 9 – 66   勾选面部   图 9 – 67   将面部移出

（13）选择路径选区"面部填充"，填充颜色：灰色（#8c8c8c），为图层添加"渐变映射"调整图层，颜色调整为［蓝色（# 1c0483），品红（# eb4cda）］，勾选"反向"，如图 9 – 68 所示。

（14）打开素材"第九章 – 素材 – 树叶""第九章 – 素材 – 树叶 2""第九章 – 素材 – 花"，拷贝入文件，将其调整到合适的位置，将其组合成组（快捷键 Ctrl + G），将组重命名为"插入树叶"，如图 9 – 69 所示。

图 9 – 68   面部填充   图 9 – 69   "插入树叶"组

（15）在"插入树叶"组之上新建"渐变映射"调整图层，颜色调整为［蓝色（＃2f0cc3），品红（＃eb12d9）］，勾选"反向"，做"插入树叶"组的剪切蒙版，如图9－70所示。

（16）选择从"面部"到"雕塑"的图层，将其组合成组（快捷键Ctrl＋G），将组重命名为"蒸汽雕塑"。

（17）在"蒸汽雕塑"组之上新建图层，设置图层样式为"颜色"，选择画笔大小：1000，不透明度：30％，前景色：品红（＃eb4cda），在图层的左侧进行涂抹，做"蒸汽雕塑"组的剪切蒙版，如图9－71所示。

图9－70　为"插入树叶"组添加渐变映射　　　　图9－71　雕塑左侧增添品红

（18）在"蒸汽雕塑"组之上新建图层，设置图层样式为"饱和度"，选择画笔大小：1000，不透明度：30％，前景色：品红色（＃eb4cda），在图层的右侧进行涂抹，做"蒸汽雕塑"组的剪切蒙版，设置图层不透明度：60％，如图9－72所示。

（19）隐藏除了"蒸汽雕塑"组与其剪切蒙版以外的所有图层，盖印图层（快捷键Ctrl＋Shift＋Alt＋E），在菜单栏中执行"滤镜→杂色→添加杂色"命令，数量：21，分布：高斯分布，如图9－73所示。

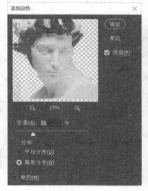

图9－72　雕塑右侧增添蓝色　　　　　　图9－73　为雕塑组添加杂色

（20）打开素材"第九章－素材－欧洲雕塑"，在菜单栏中执行"选择→主体"命令，复制图层，将拷贝图层置入文件，将图层命名为"雕像重影"，图层样式"正片叠底"，不透明度：25%，如图 9－74 所示。

（21）盖印图层（快捷键 Ctrl＋Shift＋Alt＋E），在菜单栏中执行"滤镜→杂色→添加杂色"命令，数量：11，分布：平均分布，完成制作，如图 9－75 所示。

图 9－74　增加雕塑阴影

图 9－75　为海报添加杂色

9.2.4　精修证件照

证件照是各种证件上用来证明身份的照片。证件照要求是免冠正面照，照片上正常应该看到人的两耳轮廓和相当于男士的喉结处的地方，背景色多为红、蓝、白三种，尺寸大小多为一吋或二吋。证件照通常是用专业单反进行设置，会放大面部的瑕疵。本例通过使用 Photoshop 中的污点修复画笔工具、液化工具、高反差保留、曲线等工具进行瑕疵的修复。

（1）打开素材"第九章－素材－证件照"，在修图前要对照片进行观察需要修复的位置，以及在修图中注意人的基本比例，如图 9－76 所示。

图 9－76　证件照比例观察

（2）复制背景图层，命名为"面部色彩调整"，在菜单栏中执行"图像→调整→色彩平衡"命令，青色：–75，选择图层样式"滤色"，添加蒙版，只留面部部分，头发衣服部分擦去，如图9–77所示。

图9–77　证件照肤色矫正

（3）盖印图层（快捷键Ctrl+Shift+Alt+E），将图层命名为"追回精度1"，在菜单栏中执行"滤镜→其他→高反差保留"命令，半径：1像素，选择图层样式"柔光"，复制三次，将四个图层组合成组（快捷键Ctrl+G），将组重命名为"追回精度1"，如图9–78所示。

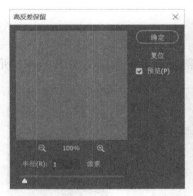

图9–78　第一次追回精度

（4）盖印图层（快捷键Ctrl+Shift+Alt+E），将图层命名为"液化1"，在菜单栏中执行"滤镜→液化"命令，用冻结蒙版工具将五官和领部与部分头发保护起来，如图9–79所示。

（5）利用向前变形工具，画笔大小：500，压力：80，浓度16，向内向上推，如图9–80所示。

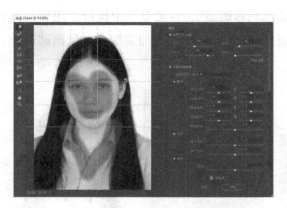

图 9 – 79　冻结蒙版工具保护五官与领部　　　　图 9 – 80　第一次液化

（6）盖印图层（快捷键 Ctrl + Shift + Alt + E），将图层命名为"追回精度 2"，在菜单栏中执行"滤镜→其他→高反差保留"命令，半径：1 像素，选择图层样式"柔光"，复制三次，将四个图层组合成组（快捷键 Ctrl + G），将组重命名为"追回精度 2"。

（7）盖印图层（快捷键 Ctrl + Shift + Alt + E），将图层命名为"液化 2"，对五官以及脸型细部进行修正，利用向前变形工具，画笔大小：80，压力：80，浓度：16。

①对眼睛进行修正：由于照片有双眼皮压眼的情况，将双眼皮向上推对嘴唇进行修正；由于照片上唇峰不一致，需要进行调整，调整时需要用冻结蒙版工具对上唇与下唇的唇缝进行保护；

②对鼻子进行修正：对鼻梁位置内推；

③对细部进行修正：按照三庭五眼参考线对面部轮廓进行微调，如图 9 – 81 所示。

图 9 – 81　第二次液化

（8）新建图层，图层名称"调整图层"，填充颜色灰色，选择图层模式"柔光"，勾选"填充柔光中性色 50% 灰"，先设置前景色：黑色（#000000），画笔大小：90，硬度：0，不透明度：2%，绘制面部的暗的位置，再设置前景色：白色（#ffffff），画笔大小：90，硬度：0，不透明度：2%，绘制面部的亮的位置，如图 9 – 82 所示。

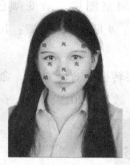

图9-82　利用中性灰图层调整明暗

（9）用"曲线钢笔工具"勾选唇部，将其转化为选区，在菜单栏中执行"选择→修改→羽化"命令，羽化半径：2，新建图层，重命名为"唇部上色"，填充颜色：红色（#f61e09），选择图层样式"柔光"，不透明度：35%，用"模糊工具"对唇部进行模糊，如图9-83所示。

（10）盖印图层（快捷键Ctrl + Shift + Alt + E），将图层命名为"追回精度3"，在菜单栏中执行"滤镜→其他→高反差保留"命令，半径：1像素，选择图层样式"柔光"，复制三次，将四个图层组合成组（快捷键Ctrl + G），将组重命名为"追回精度3"，完成制作，如图9-84所示。

图9-83　修改唇色　　　　　　　　　　图9-84　完成制作

9.2.5　人物合成类设计海报

合成海报是Photoshop运用多素材，并且将多个素材按照一定的设计思路在海报中进行合理的排布。在合成类设计中需要确定三点：色彩倾向、素材的逻辑联系以及画面的透视关系，本例来讲解如何用Photoshop完成多素材的合成类设计海报。

（1）新建图像文件，尺寸为A4大小（210 mm×297 mm），分辨率为300。

（2）新建"渐变"调整图层，渐变颜色（颜色：# 16144e，位置：0，颜色：# c525cd，位置：50，颜色：# fee1d8，位置：100）：样式：线性，角度：－90 度，缩放：100%，如图 9 – 85 所示。

（3）将渐变调整图层转换为智能对象，命名为"背景"，在菜单栏中执行"滤镜→杂色→添加杂色"命令，数量：20，分布：平均分布，如图 9 – 86 所示。

图 9 – 85　新建渐变填充图层　　　　　　　　　图 9 – 86　为背景添加杂色

（4）选择矩形工具，建立宽度为 2480 像素，高度为 230 像素，颜色为浅黄色（#eefac4）。

（5）选择矩形工具，建立宽度为 2480 像素，高度为 155 像素，颜色为黄色（# e4f999），如图 9 – 87 所示。

（6）打开素材"第九章 – 素材 – 云朵"，拷贝入文件，复制图层（快捷键 Ctrl + J），将两图层并排放置，并合并图层，并用修补工具修复图片连接处缝隙，将图层命名为"云朵"，如图 9 – 88 所示。

（7）设置"云朵"图层的图层样式为颜色加深，为其添加蒙版，将云朵做出渐隐于背景的效果，如图 9 – 89 所示。

图 9 – 87　绘制背景矩形　　　图 9 – 88　为背景上方添加云彩　　　图 9 – 89　设置"云朵"图层样式

（8）在"云朵"图层下面用椭圆工具新建圆形，将图层命名为"圆"，直径：1480像素，设置图层样式为"渐变叠加"，混合模式：正常，不透明度：100%，渐变颜色（#e12184，#ea6c85），样式：线性，角度：-90度，缩放：100%，如图9-90所示。

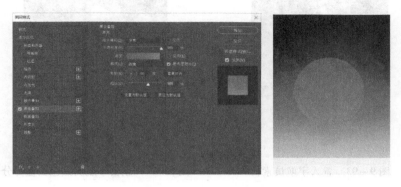

图9-90　绘制"圆"图层

（9）将"圆"图层转化为智能对象，在菜单栏中执行"滤镜→杂色→添加杂色"命令，数量：11，分布：平均分布，如图9-91所示。

（10）在"圆"图层之上绘制三角形图层，将其命名为"三角形"，宽度：1870像素，高度：1700像素，设置图层样式为"渐变叠加"，混合模式：正常，不透明度：100%，渐变颜色（# c525cd，# 45bbbe），样式：线性，角度：-90度，缩放：100%，如图9-92所示。

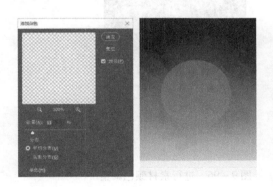

图9-91　为"圆"图层添加杂色

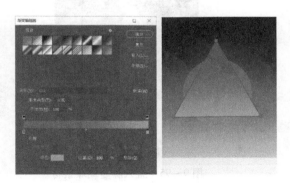

图9-92　绘制三角形图层

（11）将"三角形"图层转化为智能对象，在菜单栏中执行"滤镜→杂色→添加杂色"命令，数量：11，分布：平均分布，设置图层不透明度为80%。

（12）打开素材"第九章-素材-宇航员"，拷贝入文件，将图层重命名为"宇航员"，放置到合适的位置，如图9-93所示。

（13）用选择工具将宇航员素材的头盔黑色部分选中并删去，如图 9 - 94 所示。

图 9 - 93　置入宇航员素材　　　　　图 9 - 94　删去宇航员黑色头盔部分

（14）打开素材"第九章 - 素材 - 蝴蝶""第九章 - 素材 - 1""第九章 - 素材 - 藤蔓 2""第九章 - 素材 - 藤蔓 3"，并拷贝入文件，放置在宇航员头盔下，将其组合成组（快捷键 Ctrl + G），将组重命名为"藤蔓蝴蝶"，如图 9 - 95 所示。

（15）为"宇航员"图层与"藤蔓蝴蝶"组分别添加线性渐变图层（#c01ecc，#13144d），图层样式设置为"颜色"，并分别对其做剪切蒙版，如图 9 - 96 所示。

图 9 - 95　置入藤蔓蝴蝶素材　　　　　图 9 - 96　进行素材颜色调整

（16）在"三角形"图层上新建文字图层"PUNK"，字体：Copperplate Gothic，大小：175，输入文字"PUNK"，颜色：白色（#ffffff），不透明度：15%，如图 9 - 97 所示。

（17）打开素材"第九章 - 素材 - 星云"，粘贴至图层最顶部，设置图层样式"滤色"，不透明度：30%，完成制作，如图 9 - 98 所示。

图 9 - 97　输入文字　　　　　　图 9 - 98　置入星云素材

9.3　小结

本章主要介绍图像综合效果的制作方法与思路，掌握 Photoshop 中的各种常用处理的手段及操作技巧并加以应用。创意的综合应用，需要通过实践积累大量的经验，由于不同的行业对作品的需求不同，因此创作理念及制作风格也不同。通过本章的学习，希望大家能综合运用前几章的各种命令和工具，对所学知识融会贯通。

9.4　习题

一、选择题

1. 要使某图层与其下面的图层合并使用的快捷键是（　　　）。
   A. Ctrl + K　　　　　　B. Ctrl + D　　　　　　C. Ctrl + E　　　　　　D. Ctrl + J

2. 当你要对文字图层执行滤镜效果，那么首先应当（　　　）。
   A. 将文字图层和背景层合并
   B. 将文字图层栅格化
   C. 确认文字层和其他图层没有链接
   D. 用文字工具将文字变成选取状态，然后在滤镜菜单下选择一个滤镜命令

3. 在单击新建图层按钮的同时按下（　　　），可以弹出"新图层"对话框。
   A. Ctrl 键　　　　　　B. Alt 键　　　　　　C. Shift 键　　　　　　D. Tab 键

4. 使用矩形选框工具和椭圆选框工具时，如何做出正方形选区？（　　　）
   A. 按住 Alt 键并拖拉鼠标　　　　　　　B. 按住 Ctrl 键并拖拉鼠标
   C. 按住 Shift 键并拖拉鼠标　　　　　　D. 按住 Shift + Ctrl 键并拖拉鼠标

二、 判断题

1. 图层样式不能用于背景层中。　　　　　　　　　　　　　　　（　　）
2. 反相命令不能对灰度图使用。　　　　　　　　　　　　　　　（　　）
3. 利用快速蒙版制作的只是一个临时选区。　　　　　　　　　　（　　）
4. 图像分辨率的单位是 dpi，是指每平方英寸内所包含的像素数量。（　　）

三、 简答题

1. 通常可以通过哪几种途经得到图片素材？
2. 简述如何使"定义图案"填充"背景"图层。
3. 从哪几个方面评判一幅图像创意作品？

附录　常用快捷键

功能	快捷键	功能	快捷键
新建图形文件	Ctrl + N	用"前景色"填充	Alt + Delete
用默认设置创建新文件	Ctrl + Alt + N	打开"填充"对话框	Shift + Backspace
图像文件存盘	Ctrl + S	自由变换	Ctrl + T
图像文件另存为	Ctrl + Shift + S	添加选择区域	Shift + 鼠标绘制
关闭当前图像文件	Ctrl + W	减去选择区域	Alt + 鼠标绘制
打开已有的图像	Ctrl + O	与选区相交	Alt + Shift + 鼠标绘制
打开"预置"对话框	Ctrl + K	反选选区	Ctrl + Shift + I
退出 Photoshop	Ctrl + Q	取消选区	Ctrl + D
显示或隐藏工具箱、面板	Tab	重新选择选区	Ctrl + Shift + D
显示或隐藏面板	Tab + Shift	拷贝选区	Ctrl + C 或 F3
移动工具	V	拷贝选区	Alt + 鼠标拖动
矩形、椭圆选框工具	M	粘贴选区	Ctrl + V 或 F4
套索工具	L	剪贴选区	Ctrl + X 或 F2
魔棒工具	W	显示或关门画笔控板	F5
裁切工具	C	还原上一步	Ctrl + Z
吸管工具	I	通过拷贝建立一个图层	Ctrl + J
修复画笔工具	J	放大	Ctrl + " + "
画笔工具	B	缩小	Ctrl + " – "
仿制图章工具	S	实际像素	Ctrl + Alt + 0 (数字零)
历史记录画笔	Y	显示或隐藏参考线	Ctrl + ;
橡皮擦工具	E	显示或隐藏网络线	Ctrl + "
油漆桶工具	G	快速建立一个图层	Ctrl + Alt + Shift + N
减淡工具	O	调整色彩曲线	Ctrl + M
钢笔工具	P	调整色彩平衡	Ctrl + B
文字工具	T	调整色彩色相	Ctrl + U

续表

功能	快捷键	功能	快捷键
路径选择工具	A	将当前层下移一层	Ctrl + [
自定义形状工具	U	将当前层上移一层	Alt +]
抓手工具	H	向下合并接图层	Alt + E
旋转视图工具	R	盖印可见图层到当前层	Ctrl + Alt + Shift + E
缩放工具	Z	切换标准、快速蒙板模式	Q
放大到100%	双击缩放工具	切换显示模式	F
缩放至适合窗口	Ctrl + 0(数字零)	临时切换到抓手工具	按住空格键
缩放至适合窗口	双击抓手工具	向下合并图层	Ctrl + E
交换前景和背景	X	合并可见图层	Ctrl + Shift + E
设置默认的前景和背景	D		
临时切换到移动工具	按住 Ctr 键		
用"背景色"填充	Ctrl + Delete		

参考答案

第1章

一、填空题

1. 美国、Adobe　2. 300、CMYK　3. 位图模式、彩色模式　4. 透明度、Alpha

二、选择题

1. AC　2. B　3. D　4. A

三、简答题

1. 什么是矢量图像？什么是位图图像？两者的优缺点？

位图图像也称像素图像或点阵图像，是由多个像素点组合而成的，位图可以模仿照片的真实效果，具有表现力强、细腻、层次多和细节丰富等优点。由于位图是由多个像素点组成的，若用放大工具将位图放大到一定倍数时便可以清楚地看到这些像素点，也就是说位图图像在缩放时会产生失真。位图图像的质量是由分辨率决定的，单位长度内的像素越多，分辨率越高，图像的效果就越好。用于制作多媒体光盘的图像通常达到72 ppi，而用于彩色印刷品的图像则需300 ppi左右，印出的图像才不会缺少平滑的颜色过渡。

矢量图是由诸如Corel公司的CorelDraw、Adobe公司的Illustrator、Macromedia Free-hand、Flash MX等一系列图形软件产生的，它由一些用数学方式描述的曲线组成，其基本组成单元是锚点和路径，不论放大缩小多少，它的边缘都是平滑的，适用于制作企业标志，这些标志无论用于商业信纸，还是招贴广告，只用一个电子文件就能满足要求，可随时缩放，而效果同样清晰，其最大的缺点是难以表现色彩丰富的逼真图像效果。

矢量图形与分辨率无关，可以将它缩放到任意大小和以任意分辨率在输出设备上打印出来，都不会影响清晰度。因此，矢量图形是文字（尤其是小字）和线条图形（如徽标）的最佳选择。

位图图像和矢量图形没有好坏之分，只是用途不同而已。因此，整合位图图像和矢量图形的优点，才是处理数字图像的最佳方式。

2. 如何理解图像的分辨率？

图像分辨率即图像每英寸所包含的像素数量，单位是ppi（pixels per inch）。如果图像分辨率是 72 ppi，就是在每英寸长度内包含 72 个像素。图像分辨率越高，意味着每英寸所包含的像素越多，图像就有越多的细节，颜色过渡就越平滑。

图像分辨率和图像大小之间有着密切的关系。图像分辨率越高，所包含的像素越多，也就是图像的信息量越大，因而文件也就越大。通常文件的大小是以"兆字节"（MB）为单位的。

3. 如何利用 Lab 模式进行模式转换？

在 Photoshop 所能使用的颜色模式中，Lab 模式的色域最宽，它包括 RGB 和 CMYK 色域中的所有颜色。所以使用 Lab 模式进行转换时不会造成任何色彩上的损失。Photoshop 便是以 Lab 模式作为内部转换模式来完成不同颜色模式之间的转换的。例如，将 RGB 模式的图像转换为 CMYK 模式时，计算机内部首先会把 RGB 模式转换为 Lab 模式，然后再将 Lab 模式的图像转换为 CMYK 模式的图像。

第 2 章

一、填空题

1. 方向点、方向线、平滑点　2. 图形、会被取消　3. 左键、0 ~ 1000 之间

二、选择题

1. B　2. D　3. B　4. ABD　5. D

三、判断题

1. 错　2. 错　3. 错　4. 对　5. 对

四、简答题

1. 什么是路径？

答：路径是使用贝赛尔曲线所构成的一段闭合或是开放的曲线段，主要用于绘制光滑线条、图像区域选择以及选择选区之间进行的转换。

2. 用于整体选择一个或是几个路径的操作有哪些？

答：点击路径组件中的任何位置，可选择路径组件，对其变形、移动、组合、对齐、平均分布或是删除等操作。

3. 在使用钢笔工具时，怎么样自动添加或删除锚点？

答：当光标定位到正在绘制的路径上方，光标会变成添加锚点图标，在光标定位到路径锚点上方时，光标会变成删除锚点图标。

4. 打开路径调板，里面列出了当前工作路径、工作路径图标名称等，依次是哪些？

答：依次是前景色填充、用画笔描边路径、将路径作为选区载入、从选区生成工作

路径、创建新路径、删除当前路径。

5. 在路径工具和选框工具中哪个在选择图片时更为方便，请分别作答。

答：路径：在图层画面较为复杂的情况下，可以选择路径进行选择。路径是画一些复杂图形的最好选择。选框：是抠画简单的圆、方形等简单图形的快捷选择工具。

第3章

一、填空题

1. 橡皮擦工具、背景擦除工具、魔术橡皮擦工具　2. 样式、直径、硬度、角度、圆度和间距　3. 自定义画笔　4. 画笔笔尖形状　5. 位图、索引颜色、每通道16位模式的图像　6. 角度渐变、对称渐变、菱形渐变　7. 前景色手指绘画　8. 历史记录

二、选择题

1. C　2. B　3. C　4. C　5. C　6. AB　7. ABD　8. ACD　9. B　10. ABD

第4章

一、填空题

1. 图层成组　2. 上一层　3. 颜色、渐变、图案　4. 斜面和浮雕

二、选择题

1. C　2. D　3. A　4. A　5. C　6. A　7. D　8. D

三、判断题

1. 错　2. 对　3. 错　4. 错

四、简答题

背景层里面的内容，不可被移动、删除，只可更改。背景层没有图层属性，因为它被锁定。双击背景层可以将其转换成普通图层，从而具有普通图层的编辑特性。

第5章

填空题

1. 点文字、段落文字、路径文字　2. 文字外框　3. 栅格化文字

第6章

一、填空题

1. Alpha 通道、专色通道　2. 绿通道、蓝通道　3. 专色　Alpha 通道　4. Alpha 通

道、多通道

二、选择题

1. A　2. B　3. C　4. C　5. D　6. A

三、判断题

1. 对　2. 错　3. 错　4. 对　5. 错

第 7 章

一、填空题

1. 选区、图层、通道

二、选择题

1. D　2. A　3. A

第 8 章

一、填空题

1. 调整色调、影调和光影　2. 200 dpi

二、简答题（略）

第 9 章

一、选择题

1. C　2. B　3. B　4. C

二、判断题

1. 对　2. 错　3. 对　4. 对

参考文献

［1］段宏斌. Photoshop CS 5 平面设计实战教程［M］. 北京：中国传媒大学出版社，2012.

［2］凤凰高新教育. PHOTOSHOP CC 2019 完全自学教程［M］. 北京：北京大学出版社，2018.

［3］ADOBE 公司. Adobe Photoshop CC 经典教程. 彩色版［M］. 北京：人民邮电出版社，2015.

［4］腾讯云计算（北京）有限责任公司. 界面设计（初级）［M］. 北京：高等教育出版社，2021.

［5］腾讯云计算（北京）有限责任公司. 界面设计（中级）［M］. 北京：高等教育出版社，2021.

［6］适用于中国境内的 Adobe Photoshop 学习和支持［EB/OL］.［2022 − 1 − 22］. https：//helpx. adobe. com/cn/support/photoshop − china. html promoid = 5NHJ8FD2&mv = other

［7］优设网［EB/OL］.［2022 − 1 − 22］. https：//www. uisdc. com/

［8］站酷［EB/OL］.［2022 − 1 − 22］. https：//www. zcool. com. cn/

［9］飞特网［EB/OL］.［2022 − 1 − 22］. https：//www. fevte. com/

［10］优优网［EB/OL］.［2022 − 1 − 22］. https：//uiiiuiii. com/

参考文献

[1] 瞿颖健. Photoshop CS 平面设计实战秘籍 [M]. 北京: 中国铁道大学出版社, 2012.

[2] 凤凰高新教育. PHOTOSHOP CC 2019 完全自学教程 [M]. 北京: 北京大学出版社, 2018.

[3] ADOBE 公司. Adobe Photoshop CC 经典教程 [M]. 北京: 人民邮电出版社, 2015.

[4] 加州乔治亚 (美国) 书艺设计公司. 画册设计 [美国] [M]. 北京: 北京美术摄影出版社, 2021.

[5] 闫河之等 (北京) 印业设计公司. 版面设计 [中国] [M]. 北京: 高等教育出版社, 2021.

[6] 适用于中国境内的 Adobe Photoshop 学习和支持 [EB/OL]. [2022-1-22]. https://help.adobe.com/support/photoshop-china.html?content=SA1B3D02&tag=odba

[7] 站酷网. [EB/OL]. [2022-1-22]. https://www. zcool.com.

[8] 昵图网 [EB/OL]. [2022-1-22]. https://www.zcool.com.cn.

[9] 花瓣网 [EB/OL]. [2022-1-22]. https://www.huaban.com.

[10] 包图网 [EB/OL]. [2022-1-22]. https://www.ibaotu.com.